U0229228

写给孩子的编程思维启蒙书 1

走进人工智能

[日]土屋诚司 著

丁丁虫 译

中国青年出版社

图书在版编目（CIP）数据

走进人工智能／（日）土屋诚司著；丁丁虫译 . -- 北京：中国青年出版社，2023.5
（写给孩子的编程思维启蒙书；1）
ISBN 978-7-5153-6814-6

I. ①走 … II. ①土 … ②丁 … III. ①人工智能—青少年读物 IV. ① TP18-49

中国版本图书馆 CIP 数据核字（2022）第 200514 号

版权登记号：01-2021-3342

AI (JINKOCHINO) NO KIHON
Copyright © Seiji Tsuchiya 2020
Chinese translation rights in simplified characters
arranged with SOGENSHA, INC., publishers
through Japan UNI Agency, Inc., Tokyo

项目经理：张鹏
策划编辑：田影
责任编辑：夏鲁莎
封面设计：乌兰

写给孩子的编程思维启蒙书 1
走进人工智能

著　者：[日] 土屋诚司
译　者：丁丁虫

出版发行：中国青年出版社
地　　址：北京市东城区东四十二条 21 号
网　　址：www.cyp.com.cn
电　　话：(010) 59231565
传　　真：(010) 59231381
企　　划：北京中青雄狮数码传媒科技有限公司
印　　刷：北京瑞禾彩色印刷有限公司
开　　本：880 x 1230 1/32
印　　张：4.5
字　　数：160 千字
版　　次：2023 年 5 月北京第 1 版
印　　次：2023 年 5 月第 1 次印刷
书　　号：ISBN 978-7-5153-6814-6
定　　价：168.00 元（全三册）

本书如有印装质量等问题，请与本社联系
电话：(010) 59231565
读者来信：reader@cypmedia.com
投稿邮箱：author@cypmedia.com
如有其他问题请访问我们的网站：http://www.cypmedia.com

序 言

扫 码 听

在本书中，我们不仅可以学到关于人工智能（AI）的详细技术，还能了解什么是人工智能，深入思考它的本质。

今后，人工智能将日益普及，成为我们生活中不可缺少的部分。到那时如果我们对人工智能一无所知，就很难和它相处，就像我们没办法和毫无了解的人交朋友一样。有时候，我们也会听到一些不好的说法，比如"人工智能非常可怕""人工智能正在威胁我们的生活"等等，其实这些现象并不会发生，这些想法都源于人们对人工智能的不了解。

实际上要理解人工智能，需要我们认真思考这样一个问题：人的本质是什么？通常情况下，很少有人会去思考这个问题，但人工智能的起点，归根结底还是在我们人类自身。

让我们一起来了解人工智能、理解人工智能，与人工智能和谐相处吧！如果对人工智能还有更大的兴趣，那就把成为人工智能开发者作为自己的奋斗目标吧！同时，也希望你能一起思考，人类应当是怎样的，人类的未来又应当是怎样的。

目 录

1

人工智能
与它的历史

　　最近你是不是经常听到"人工智能"这个词？那么，你能清楚地解释人工智能是什么吗？人工智能也可以写成AI，它是英语单词Artificial（人工的）Intelligence（智能）的首字母缩写，也就是说，AI就是"人工智能"的意思，说得再简单一点，就是"聪明的电脑"（计算机俗称电脑）。其实，要说"人工智能"到底是什么，就连人工智能专家也没办法给出准确的解释呢。

　　"哎！这怎么可能？"——你肯定会这么想吧。那么，你能清楚地解释"什么是颜色"吗？或者清楚地解释"什么是红色"吗？也许你会回答说，"颜色就是眼睛看到物体的一种属性，比如西红柿的颜色就是红色的"。但真的是这样吗？大家看到的颜色真的是一样吗？你的朋友、你的爸爸妈妈看到的颜色，和你看到的颜色是一样的吗？谁也不知道。大家看到的是红色，在你看来可能是蓝色。世界上，像这样搞不清楚的情况非常多。很多东西都只有模模糊糊的想法，没办法准确定义，只能姑且认为大家的想法都一样。像这样的东西，就是所谓的"概念"。

哪个才是人工智能呢？

　　话题有点说远了，总之"人工智能"也是一种"概念"。你的爸爸妈妈，还有你的朋友们，可能对"人工智能"的理解都是模模糊糊的。虽然大家都知道人工智能很有用处，但它到底可以做什么，又是怎么运作的，其实也不是很清楚，所以有时候会有人担心"人工智能非常可怕""人工智能正在威胁我们的生活"等。但不要害怕，请认真阅读、理解这本书，并且仔细地思考，你将会意识到，人工智能并不可怕。

　　"人工智能"这个概念诞生于1956年的达特茅斯会议，当时许多科学家聚集在一起，讨论如何用电子计算机解决人类问题。顺带一提，世界上第一台电子计算机诞生于1946年。当时的计算机并不是像今天的计算机和手机这样复杂的设备，它只能做非常简单的工作，功能和今

◀世界上第一台电子计算机ENIAC，由美国宾夕法尼亚大学研发，用于计算大炮的弹道。修改计算方法时，需要手工调整线路连接。

天的计算器差不多。而达特茅斯会议的科学家们，就在看到那种像计算器一样简单的东西之后，产生了"可以用这个创造人工智能"的想法。伟大的科学家果然很厉害呀！

20世纪60—70年代，出现了第一次人工智能热潮。在那个时期，计算机有了很大发展，可以进行非常复杂的计算了。它比人类算得更快，也更加准确。只要将某种程度的知识赋予计算机，它就能将这些知识加以分析组合，计算出各种各样的答案。比如，告诉计算机"鸽子是鸟""鸟会飞"，那么计算机就能自己获取"鸽子会飞"的新知识。这样的成果让人们非常激动，认为"足以取代人类的人工智能就此诞生了"。

然而事情的发展并不顺利。那个时期的计算机，虽然能够找到简单的联系，进行简单的游戏，但也仅此而已。它们做不了更复杂的工作，没办法为人类提供真正的帮助。

但是研究者并没有放弃。又过了10年，到了20世纪80—90年代，迎来了第二次人工智能热潮。这一次，各个领域的专家为计算机提供了

人工智能与它的历史

非常丰富的知识，医生也把关于疾病的大量信息教给计算机。于是，计算机便可以代替医生诊断疾病，也能区分各种各样的事物了。比如，只要告诉计算机，黄瓜和西红柿都是"蔬菜"，橘子和香蕉都是"水果"，那么当遇到苹果这种"未知物种"的时候，计算机就能根据它的特征做出判断，将它归类为水果。这种能力相当厉害，简直可以媲美人类了。实际上，市场上销售的许多家用电器，比如空调、吸尘器等，都采用了这样的技术。

人工智能热潮的历史	
20世纪50年代	● 探索、推论
20世纪60年代　第一次人工智能热潮	● 自然语言处理 ● 神经网络 ● 遗传算法
20世纪70年代　寒冬时代	● 专家系统 ● 机器学习
20世纪80年代　第二次人工智能热潮	● 知识库 ● 语音识别 ● 数据挖掘
20世纪90年代　寒冬时代	● 本体论 ● 自然语言处理
21世纪　第三次人工智能热潮	● 深度学习
21世纪10年代	

内容基于日本总务省《ICT的进化对雇佣与工作方式影响的调查研究》（2016）

然而事情的发展还是不顺利。这一次又是为什么呢？因为要把大量的知识教给计算机，这本身就是非常困难的工作。而且也没有计算机能存储那么多的知识。

　　很多人开始认为，制造人工智能也许是一项不可能完成的任务，但研究者们还是没有放弃。从21世纪初起，又迎来了第三次人工智能热潮。只要坚持不放弃，总能开辟出新的道路。这一次的办法是，"教计算机很难，那么就让计算机自己去学吧"。比如，互联网上有无数的信息，于是就可以让计算机自己去搜集、自己去学习、自己去变聪明。这样一来，出现了什么结果呢？我们得到了自动驾驶的汽车、自动清洁的扫地机器人，还有能说话的智能音箱等，这些都是非常方便的电器，你们家里说不定也有吧。

　　人工智能就是这样随着时代不断进步的。回顾历史，以前也曾经有过被称为"人工智能"的东西，但它们其实和今天的"人工智能"完

◀扫地机器人能够记住房间的布局，以最佳的路线和最有效的方式进行清扫。可以用智能音箱对其下达指令，也可以在外出的时候通过智能手机对其进行控制。（照片提供：iRobot）

人工智能与它的历史

▲智能音箱能对人的说话声做出反应，完成各种任务。它可以回答问题、播放音乐和视频，还可以控制家用电器。

全不一样。比如自动门，它发现有人靠近的时候就会自动开门，人走远了就会自动关门。在今天的我们看来，像这样普普通通的自动门很难算是人工智能。如果在一百年前的人看来，它可是非常了不起的人工智能。所以，算不算人工智能，还要看使用者自己的感受。创造"人工智能"这个词的是我们人类，而体验人工智能的，也是我们人类自己。

调查、思考、总结！

◆ 在你身边，有哪些可以算是"人工智能"的东西呢？

◆ 你为什么认为它们是"人工智能"呢？

◆ 给你找到的"人工智能"加以分类吧！

人与人工智能的关系

　　人类为了过上安全、舒适、便捷、富裕的生活，创造了许许多多的工具。

　　人类最早的大发明，当属公元前的"车轮"。转动圆形的东西来移动物体的想法，在今天看来平淡无奇，但在当时却是非常了不起的。

　　后来，人们又陆续发明了青铜器、铁器、活字印刷等技术，直到1776年，应用于生产的蒸汽机的发明成为"第一次工业革命"的重要标志。机器能够提供的力量远远大于人的力量，"机械化"时代从此开始。在这种力量的催动下，工厂、铁路、内燃机车纷纷问世。19世纪初，发电机的发明成为"第二次工业革命"的重要标志。这一次诞生了电力，推动了"电气化"的发展。今天，我们已经无法想象没有电力的生活了。

　　再经过大约一个世纪，随着飞机、汽车等交通工具的问世，人类迎来了量产时代。1946年，第一台电子计算机诞生，"第三次工业革命"掀起了"自动化"的浪潮。

然后到了今天，有人认为，大约从2020年开始进入"第四次工业革命"时代。这也正是大家所生活的时代。互联网、5G高速无线通信技术，以及运用这些技术将所有物品连接在一起的物联网（Internet of Things，简称IoT），正在逐步改变我们的生活。人工智能当然也是其中之一。实现人工智能的技术基础正在逐渐完备。

产业革命的历史	
第一次工业革命	● 蒸汽／机械化
第二次工业革命	● 电力／量产
第三次工业革命	● 计算机／自动化
第四次工业革命	● 人工智能? 物联网? 机器人? 大数据?

产业结构发生巨变?！

人类有自身的局限。我们害怕受伤，而且寿命有限。不吃饭就会饿死，不睡觉身体就会垮掉。除了工作学习，我们还需要娱乐和休息。我们有许多想做的事，也有许多不得不做的事。然而时间总是有限的，我们该怎么分配时间呢? 有人能帮我们完成各种工作吗? 就算有人愿意帮忙，那么帮忙的人自己又该怎么办呢? 正是因为这些问题，人们才想到创造人工智能，让人工智能——而不是人——来帮助我们完成自己都难以完成的工作，或者不喜欢做的工作。

人工智能会帮助人类。更准确地说，是人类为了帮助自己而创造出人工智能。比如说，遇到不知道的事情，我们就会去问计算机、问手机、问智能音箱，它们能够迅速地给出答案。在以前没有互联网的时候，我们只能去图书馆，先要从无数本书中找到可能会有答案的书，再把这些书通读一遍，才有可能找到我们想要的答案。

现在的计算机，只要你一直使用，即使你没有主动去问，计算机也能自动识别你的喜好，向你推荐可能会喜欢的内容。

还有和人一起工作的机器人。它们能够搬运沉重的货物，也能在人类犯错的时候悄悄帮忙。

有些人的听力、视力有问题，或者行走不方便。对于这些身体有障碍的人来说，人工智能是梦寐以求的帮手。如果听不到声音，人工智能可以把声音变成文字；如果看不见东西，人工智能可以把文字、图像等用声音描述出来；如果手臂受伤，机器人可以代替自己写字；如果行走不便，也有能够自动前往目的地的轮椅。还有用来代替人体四肢的假肢，以前只能做到外形一致，并没有四肢的反应能力。但近年来出现的新型假肢，可以读取人的思维，从而自由活动。只要在头脑中想一想，就能让假肢做出各种动作。

人工智能是"工具"，但它又不是像铅笔和书本一样单纯让人使用的工具。它能够组合到人体上，增强人体的机能，拓展人体的极限。在你身边，肯定有不少戴眼镜的人吧。如果眼镜上可以显示文字或图像，那将能做多少新的事情呀！

2

人与人工智能的关系

美国艾奥洛斯公司（Aiolos）研发
的"艾奥洛斯机器人"，是搭载了
人工智能的自律型护理机器人。它
可以广泛应用于养老院、医院、酒
店、餐厅、机场、工厂等各种地方。
（照片提供：丸文株式会社）

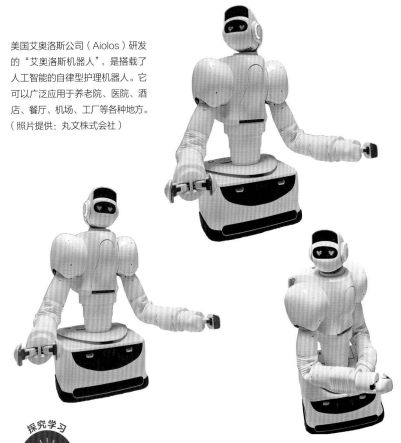

探究学习

调查、思考、总结！

◆ 你有什么想让人工智能做的事情吗？

◆ 为什么想让人工智能做那些事情呢？

◆ 人工智能代替人类做事，会有什么问题吗？

◆ 如果有问题，请解释为什么；如果没有问题，也请解释为
什么。

扫 码 听

人工智能的工作机制〔1〕

知识——收集数据

人工智能只有在知道很多事情（也就是"知识"）的情况下，才能发挥作用。你还记得自己是怎么学会各种知识的吗？那是经历过无数的失败和成功才学会的，人工智能也是一样。

人类是在大脑中记忆各种东西的，而人工智能则是在"硬盘""固态硬盘"（Solid State Drive，简称SSD）"内存"等"存储设备"中创建出名为"数据库"的东西，把知识记录在里面。人类的记忆是记录

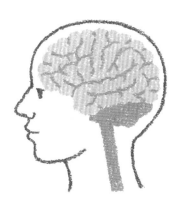

自己经历的事情，而人工智能则是将人类传授的知识，以及已经存在于互联网上的各种信息，都记录在数据库里面。由于这种数据库中记录的都是知识，所以也叫"知识库"。

不过，这里也有一个很重要的难题。因为互联网上有无数信息，其中既有真实信息，也有虚假信息。如果不做区分，全部记录到知识库中，就会连虚假的信息也都记下来。那样的话，就搞不清什么才是真实信息了。不管怎么使用人工智能，都有可能做出错误的事情。这是很让人头疼的。

这个问题的原因不在于人工智能，而是人类自己的错误。如果只把真实的信息、正确的内容发到互联网上，自然不会出现这样的问题。

故意散布虚假信息当然是不行的，不过有时候确实会把一些自己并不知道的错误信息传到网上。毕竟我们都知道，在各种信息当中，也有一些虚假信息会把自己伪装成真相的模样。所以，当我们得知某个信息的时候，一定要仔细调查信息的真伪，不要被虚假的信息欺骗了。

由于存在这样的问题，所以人们想出了一个办法，就是邀请某个领域的专家，筛选出真实的、正确的信息，记录到数据库里。这样的系统，被称为"专家系统"。

专家系统开始于20世纪60年代，逐步开发的有代替医生做诊断的人工智能，也有自动驾驶飞机的人工智能。据说，它们具有和人类同等的能力。当然，如果输入了错误的信息，它们就没办法好好工作了，可是如果输入正确的知识的话，这些人工智能就会发挥相当大的作用。

提到"某个领域的专家"，你或许会联想到各种伟大的人物，其实并不仅仅是这样。可能你也是很了不起的专家。也许你会问，"哎，我

▲现代飞机驾驶舱实景。自动驾驶已经成为普及配置，是各种交通工具自动化程度的体现。

是哪个领域的专家呢？"其实你就是"孩子"的专家。你的爸爸、妈妈已经不是孩子了，所以他们无法成为"专业的孩子"。仔细想想你就会发现，有很多事情，只有你才知道。

我们的大脑中存储着许多知识，但它们是怎么分类、怎么整理的，至今我们都还不清楚。另一方面，在人工智能的数据库（知识库）中，人工智能需要掌握的知识，都是按照"如果〇〇，就要××"的格式整齐有序地排列的。以这种形式表现的知识，被称为"If-Then规则"，或者叫"产生式规则"（Production Rule）。"If"的意思是"如果"，"Then"的意思是"就要"。在"不是〇〇"出现的情况下，会用到"Else"这个词，构成"If〇〇Then××Else△△"的形式。

这种"If-Then规则"记得越多，人工智能就会越聪明。

人工智能的工作机制〔1〕知识——收集数据

如果遇到"红灯"，就要"停止"。

调查、思考、总结！

◆ 写出你知道的事情（比如：○○是××），或者你独有的
  规则（比如：如果○○，就要××）。

◆ 把你写出的知识改成能够让人工智能理解的形式，也就是
  "如果○○，就要××（否则就要△△）"的形式。

扫 码 听

人工智能的工作机制〔2〕

推理——将知识串联起来

要想变聪明，仅仅记住大量的知识是不够的。当然啦，能够记住大量的知识确实很不容易，但终究还是差了一些。要想变得更加聪明，更重要的是应用那些记住的知识，将它们串联起来，创造出新的知识。

把已知的知识组合起来创造出新知识的行为，叫作"推理"。也就是说，"知识"本身固然重要，但知道如何使用那些知识的"智慧"也很重要。这种"推理"的技术，早在第一次人工智能热潮时就受到了广泛关注。

人工智能的知识，基本上都是以"If-Then规则"，也就是"如果○○，就要××"的形式记录下来的。比如，现在有"鸽子是鸟"和"鸟会飞"两条知识。如果什么都不做，那么所掌握的知识只有这两条。仔细看看这两条知识，它们都有"鸟"这个词。如果把它们连在一起写，就变成了"鸽子是鸟，鸟会飞"。把"鸽子是鸟，鸟会飞"中间的"鸟"字去掉，不就变成"鸽子会飞"了吗？！

于是，人工智能现在就知道了"鸽子会飞"这个原本不知道的新

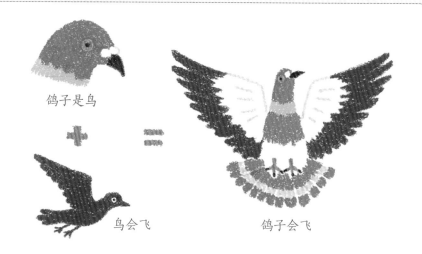

鸽子是鸟

鸟会飞

鸽子会飞

知识。而像这样，把知识和知识之间的相同部分串联在一起，创造出新知识的方法，就叫作"演绎推理"。

也有其他的方法。比如，现在有"鸽子是鸟，会飞"和"乌鸦也是鸟，也会飞"两条知识。在这种情况下，把这两条知识放在一起，只能排成"鸽子是鸟，会飞，乌鸦也是鸟，也会飞"，中间没有相同的部分，所以也没办法省略。但是再仔细看看，会发现两条知识的后半部分写的都是"是鸟，会飞"，于是便能明白"鸟这种生物会飞"了。

也就是说，这样一来，便获得了"鸟会飞"的新知识。像这样，提取出共同的部分（一般化），创造出新知识的方法，叫作"归纳推理"。

"演绎推理"和"归纳推理"是非常重要的方法，不仅人工智能在运用，人类在思考问题时，也会频繁使用。也许平时不容易意识到，但其实你也会在不知不觉中使用它们。

在"演绎推理"中，我们可以从"鸽子是鸟"和"鸟会飞"中创造出"鸽子会飞"的知识，但在已知"飞行就是飘浮""飘浮就是不会沉""不会沉的是船"这些知识的情况下，把所有这些知识串联在一起，省去共同的部分，就会得出"鸽子是船"的奇怪结论。虽然每条知识都是正确的，但把它们一条条串联在一起的时候，也有可能获得非常莫名其妙的错误结论。

而在"归纳推理"中，虽然可以从"鸽子是鸟，会飞"和"乌鸦也是鸟，也会飞"中提取相同的部分，获得"鸟会飞"的知识，但仔细想想，这真的正确吗？比如，企鹅也是鸟，鸵鸟也是鸟，但它们都不会飞。所以，如果采用这种方法的话，只有了解的知识足够多，提取出的新知识才能适用于更多的对象。它并不能保证我们百分之百获得正确的知识，偶尔也会出现例外情况。

"演绎推理"和"归纳推理"虽然用起来很方便，但并不适用于所有情况，如果使用的时候不小心，也有可能推理出错误的结论。我们需要充分理解这些方法，多多思考，小心谨慎地使用它们。

人工智能的工作机制〔2〕推理——将知识串联起来

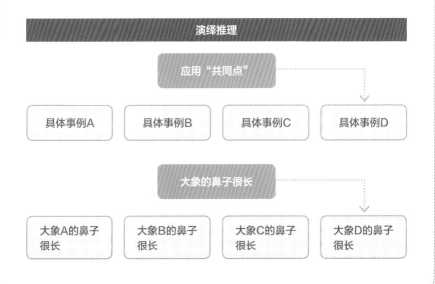

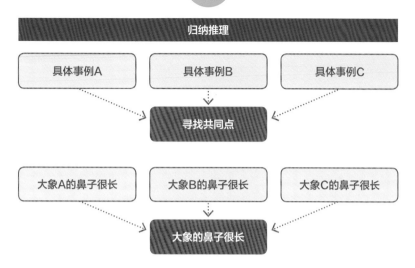

4

调查、思考、总结！

◆ 写出你知道的事情（比如：○○是××），或者独有的规则（比如：如果○○，就要××）。把你写出的知识改成能够让人工智能理解的形式，也就是"如果○○，就要××（否则就要△△）"的形式。

◆ 首先把你自己的知识改写成可以让人工智能理解的形式，也就是"如果○○，就要××"的形式。然后尝试使用"演绎推理"，看看会不会产生出新的知识呢？

◆ 故意用一些不合理的方式使用"演绎推理"，看看会产生什么样的错误结论。用"归纳推理"来处理教给人工智能的知识，会产生出什么样的一般性知识呢？

◆ 获得的一般性知识会不会有什么例外情况呢？请举例说明。

人工智能的工作机制〔3〕

搜索——寻找答案

在第一次人工智能热潮发生时，还有一项引人注目的技术，那就是"搜索"。它是一种可以从无数事物中寻找答案的方法。

寻找答案的方法有许多种。比如，当你寻找某个东西的时候，要找的地方不同，是不是也会采用不同的方法呢？再比如，当你藏在桌子抽屉里的某个宝贝不见了的时候，或者在公园里不小心弄丢了家门钥匙

横向搜索

的时候，你会用什么方法寻找，在哪里寻找呢？

如果是找宝贝，它应该还在抽屉里，所以肯定先在桌子抽屉里找；如果没找到，再去别的抽屉找；如果还没找到，那就在同一个房间的书橱里找……你应该会这样寻找吧？而如果是找钥匙，由于不清楚掉在公园的哪个地方，所以只能先到去过的地方大范围找一找，如果找不到，那就再去沙坑、滑梯之类的地方一个个仔细找，是这样的吧？

人工智能寻找答案的方法，也按照先大范围寻找，再慢慢更加仔细地寻找的顺序。这叫作"横向搜索"，或者"广度优先搜索"。

而另一种方法，则是先从一个地方开始仔细查找，找不到答案的时候，再到下一个地方仔细查找。这种方法和上面的"横向搜索"相反，叫作"纵向搜索"，或者"深度优先搜索"。

纵向搜索

除了"横向搜索"和"纵向搜索"之外，还有其他一些搜索方法。我们都有过这样的经验：在经历过很多事情之后，下一次再遇到同样事情的时候就会想到"答案可能在这里吧"。人工智能也是一样。它可以预测可能存在答案的地方，针对那里进行集中搜索。这样的搜索方法叫作"启发式搜索"或者"预测驱动"。把不太可能有答案的地方放到后面，优先搜索可能存在答案的地方，这是更加聪明、效率更高的一种方法。

"启发式搜索"中，有一种很有趣的方法，叫作"遗传算法"（Genetic Algorithm，简称GA）。"算法"是指某种用来寻找正确答案的固定步骤，而"遗传"指的是孩子继承父辈的特征。

将这种"遗传"的机制用在计算机上，就是"遗传算法"。虽然一开始完全不知道答案，但只要朝向可能存在正确答案的地方去寻找，最

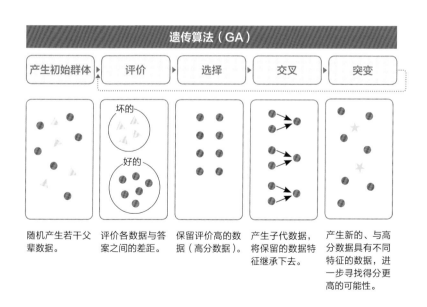

遗传算法（GA）

| 产生初始群体 | 评价 | 选择 | 交叉 | 突变 |

| 随机产生若干父辈数据。 | 评价各数据与答案之间的差距。 | 保留评价高的数据（高分数据）。 | 产生子代数据，将保留的数据特征继承下去。 | 产生新的、与高分数据具有不同特征的数据，进一步寻找得分更高的可能性。 |

5

人工智能的工作机制〔3〕搜索——寻找答案

终就会找到合适的方向，也就能找到正确的答案。你也许会认为，计算机和生物没有任何关系，其实并不是这样的。要创造智慧的计算机，最好的办法就是参考身边的智慧。这种"遗传算法"，就是模仿生物智慧的方法。

除了寻找答案的方法，判断答案是不是正确也是非常重要的任务。我们解算术题的时候，一旦得到答案，很多人都会兴奋地把答案写下来，开心地大喊"搞定了"！但这样其实有点儿危险——因为人很容易犯错呀。所以需要再检查一遍，看看自己得到的答案到底有没有错误，这叫作"验算"。

人工智能也有类似"验算"的技术，能够检验得到的答案是否正确。上文说的"启发式搜索"，还有个名字叫作"预测驱动"，这是因为它是一边寻找搜索答案的方法，一边预测答案。还有一种方法和它相反，叫作"数据驱动"，这是一种以答案为前提行动的搜索方法。

调查、思考、总结！

◆ 选择一个你喜欢的、感兴趣的、觉得有趣的东西，运用"横向搜索"，找出与它相关的各种信息，并加以总结。

◆ 在你找到的信息中，挑选一个最感兴趣的，运用"纵向搜索"，进一步调查研究，并加以总结。

人工智能的工作机制〔4〕

分类——区分事物

在第二次人工智能热潮中，有一项引人注目的技术，叫作"分类"。它可以按种类或者相似的特征，将事物整理成不同的组群。

也许你会觉得"这种事情不是很简单吗"，其实"分类"是非常深奥的学问。我们以蔬菜和水果为例来想想看，卷心菜是蔬菜，香蕉是水果，那么西瓜呢？柠檬呢？西瓜是甜甜的食物，又可以在水果店里出售，但它其实和蔬菜南瓜属于同一科。柠檬可以在菜场里出售，但它其实和橘子属于同一类水果。

另外，我们在给卷心菜、香蕉、西瓜、柠檬分类的时候，除了以蔬菜和水果的种类划分之外，还有其他的分类方法吗？好像还能根据它们的颜色、形状、大小等各种特征进行分类吧。

那么，这一回让我们用颜色来进行分类吧。香蕉是黄色，卷心菜和西瓜是绿色，好像可以这么划分。但请你再仔细想想，切开西瓜，里面是红色或者黄色的，那么刚才的分类方法是不是有问题了呢？你看，自己做一做就会发现，要找到事物的相似部分，再根据这些相似部分对

蔬菜

水果

它们做出分类，其实是很难的事情。

于是人工智能出场了。对人类来说有点难度的"分类"工作，可以交给人工智能去实现，完成自动"分类"的任务。而"分类"则包括"聚类分析""支持向量机"（Support Vector Machine，简称SVM）等。

"聚类分析"中又有各种各样的分类方法，不过基本上都是通过测定某个东西与其他东西之间的距离，将相近的东西归在同一组。

计算机可以处理文字、图片、音视频等信息，但其实在计算机里，文字、图片、音视频全都是以数字形式存储的。例如，"我"这个字在计算机里是用"25105"这个数进行相应管理的。为什么要这样呢？这是因为，计算机只能识别数字。

计算机是由无数开关构成的，它可以进行"连接"与"断开"，即

"ON"和"OFF"的操作。将无数"ON"和"OFF"的开关串联在一起操作，就能计算出数字。将"ON"当作"1"，将"OFF"当作"0"，比如用"101"来对应"5"。顺便说一句，我们通常用的数字"5"，是基于"十进制"的，而"101"这种计算机使用的数字，是基于"二进制"的。

不同进制的数字表										
十进制	0	1	2	3	4	5	6	7	8	9	10
二进制	0	1	10	11	100	101	110	111	1000	1001	1010

二进制只用"0"和"1"来表示数字。二进制的"101"等于十进制的"5"。

所以，计算机就是这样用数字替换各种事物，再加以处理的。一旦变成数字化处理，计算机就非常强大了。测量各种事物之间的距离也非常轻松。只能理解数字的计算机，居然能做这么多事，你是不是很惊讶呢？

至于"支持向量机"，它是用直线和曲线来区分事物的方法。比如下一页图中的蔬果，越靠近上方越绿，越靠近下方越红；越往右越甜，越往左甜度越低。也就是说，纵向是"颜色"，横向是"甜度"。这样的表现形式，被称为"坐标系"。把蔬菜和水果放到这个坐标系上，就会得到下一页的图。

像这样，用直线和曲线画出蔬菜和水果分界线的方法，就是"支持向量机"。其中，用直线划分界限的分类方法叫作"线性分类"，而用曲线划分界限的分类方法叫作"非线性分类"。

6

人工智能的工作机制〔4〕分类——区分事物

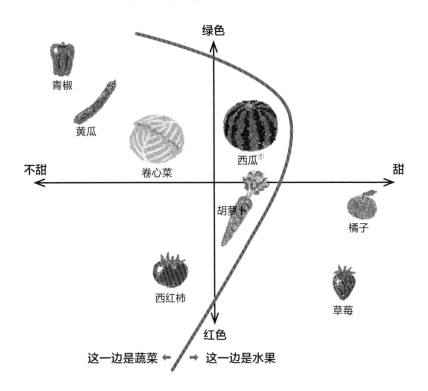

绿色

青椒

黄瓜

卷心菜

西瓜①

不甜 —— 甜

胡萝卜

橘子

西红柿

草莓

红色

这一边是蔬菜 ← → 这一边是水果

探究学习

调查、思考、总结！

◆ 按自己的想法建立一个坐标系，放入各种事物。记得检查一下，看看改变坐标系的时候，事物的位置是不是也会发生变化。

◆ 在放入各种事物的坐标系里，用直线或曲线画出分界线，尝试进行分类。

① 日本的农林水产省将西瓜或香瓜分类为"（水果型）蔬菜"。

扫 码 听

人工智能的工作机制〔5〕

学习——变得聪明

在现在的第三次人工智能热潮中，广受瞩目的是计算机的自动化"学习"功能。

在此前的第一次、第二次人工智能热潮中，为了让人工智能正确地工作，人类需要预先将正确的知识记录到数据库里。但要把海量的知识变换成计算机能够理解的形式，输入到数据库里，这是非常大的工作量。计算机又不能代替人类做这件事，所有的工作都必须由人类来完成。而且这种工作费时费力，没什么人愿意做。必须想办法解决这个问题。

于是有人想到，把人们发送到互联网上的无数信息搜集起来，再将它们作为知识记录到计算机里。为了实现这个目的，需要能够记录海量知识的存储设备，还需要能在短时间内处理海量知识的超快计算机。幸运的是，随着技术的进步，这些设备的价格都变得很便宜，人们已经可以很简单地制造出满足要求的计算机了。在这样的背景下，第三次人工智能热潮应运而生。

说到"学习"，大家应该都很熟悉。那么，你是怎么学习的呢？是不是在学校里听老师讲课，在家里由爸爸妈妈辅导作业呢？不仅如此，你们还会自己看课本、参考书，去图书馆查阅资料，跟随网络课程学习吧。除此之外，还有一些你平时可能不太留意的事情，比如用两条腿走路，与人说话交流等，在你刚出生的时候，这些肯定都做不来，可以说，这些本领都是你在不知不觉中学习到的。

人类会像这样学习，那么人工智能是怎么"学习"的呢？其实，人工智能的学习方式，和大家都差不多。

人工智能运用大量信息，参考人类传授的正确知识进行学习。人类在学习的时候，可以听老师讲课。而对于人工智能来说，人类输入的正确知识就充当了老师的角色。这种学习方法，叫作"有监督学习"。

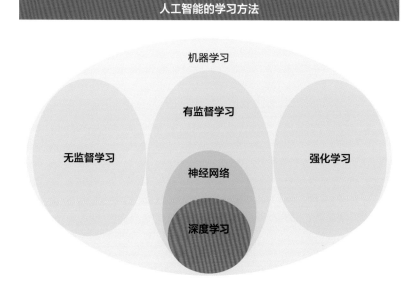

人工智能的学习方法

机器学习

有监督学习

无监督学习

神经网络

强化学习

深度学习

从大脑结构中产生的方法

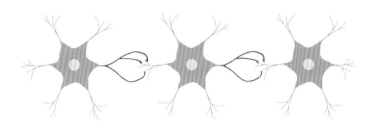

大脑神经细胞示意图

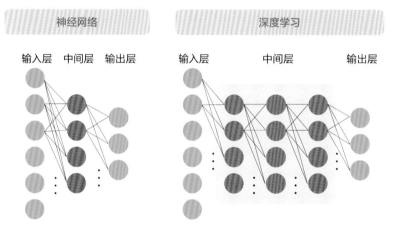

神经网络

输入层　中间层　输出层

深度学习

输入层　　　　中间层　　　　输出层

在"有监督学习"中，近年来广受瞩目的方法之一，叫作"深度学习"（Deep Learning）。这是模仿人类大脑信息传递机制的方法，由20世纪80年代开发的"神经网络"技术发展而来的。

大脑中有无数细胞。其中单个细胞并不复杂，只能输出"ON"和"OFF"，也就是"1"和"0"。但是，无数这样的细胞聚合在一起，把无数"ON"和"OFF"连接成一体，就会变得异常复杂。哎呀！这

人工智能的工作机制〔5〕学习——变得聪明

段话好像已经在这本书里出现过了，你想起来了吗？对的！和计算机的内部构造是相似的。

　　既然计算机的内部构造，和人类大脑的内部构造类似，那么计算机似乎也应该能变聪明，对吧！为了通过"深度学习"变得聪明起来，计算机需要像大家平时做的那样，记下许多正确的知识。知识越少就越要学习，等知识积累多了，就变聪明了，这和大家的学习是一样的。同样很重要的是，要利用那些知识认真思考，判断自己学习的内容是不是正确，或者能否找到正确的答案。

　　具体的做法是切换"ON"和"OFF"的状态，把学到的内容正确地输出出来。不断调整所有"ON"和"OFF"的状态，最终使所有的事物都能输出正确的结果，这就是计算机越变越聪明的过程。

　　这和大家的学习方法是一样的。一开始，我们可能什么都不知道，但是可以从许多人那里学习各种知识。记下那些知识，并用大脑思考，或是寻找某个问题的答案。在这个过程中，大脑的细胞也是在不断切换"ON"和"OFF"的状态。

　　不过，这种学习方法需要教师监督，光靠人工智能本身，是没有办法自动学习的。

　　还有一种方法，它不仅需要将正确的知识教给人工智能，还需要人工智能从互联网上搜集大量的信息，并以大家的意见为参考进行学习。也就是说，在运用这种方法学习的时候，还要考虑"大家说的事情，做的事情，是正确的吗？"这种方法叫作"无监督学习"。有时候也被称为"大数据分析"或者"数据挖掘"。

在运用这种方法的时候，如果大家说的内容五花八门，我们搞不清楚哪些是正确的内容，自然没办法学习。不过，很多情况下，往往会出现像"大家都这么说""大家都这么做"的"倾向"。这样的"倾向"，可以用"统计处理"这种很高深的数学方法找出来，让人工智能学习。

除了这些方法之外，还有在不知不觉中学习的方法，就像我们自然而然学会走路和说话一样，这叫作"强化学习"。

这种方法和教狗狗"握手"是一样的。一开始狗狗什么都不知道，对它说"握手"，它也不会把前腿伸出来。但如果在说"握手"的

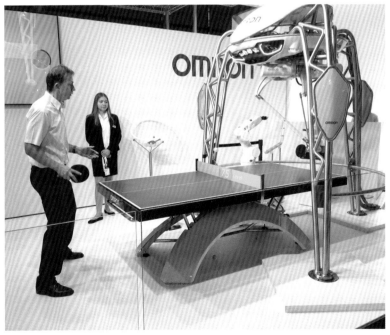

▲搭载了人工智能的乒乓球机器人，能够分析对手打球的行为特征和乒乓球的飞行轨道，和人类展开拉力赛。基于深度学习，它可以配合对手的水平，选择不同的快慢速度，将乒乓球打回去。

人工智能的工作机制〔5〕学习——变得聪明

时候，狗狗碰巧把前腿伸出来的话，主人很开心地奖励它零食，狗狗也会非常开心。于是，下一次主人再说"握手"的时候，想吃零食的狗狗就会主动伸出前腿了。

通过无数次的尝试，失败时感觉到难过，成功时感觉到开心，于是，人工智能就会主动采取能够感觉到开心的行动。这样一来，自然就能顺利学习了。

调查、思考、总结！

◆ 选择一样自己喜欢的东西，向爸爸、妈妈、老师提问，获得有关那样东西的信息。然后使用这些信息，尝试进行"有监督学习"，并从中总结所了解的内容。

◆ 接下来，还是针对同一样东西，再使用图书馆、电视、互联网等，尝试进行"无监督学习"，并从中总结所了解的内容。

扫码听

智能是什么？

如果说人工智能是"人工制造出的智能""聪明的计算机"，那么人工智能究竟有没有"智能"，人工智能究竟是不是"聪明"的，到底该怎么判断呢？有一种名叫"图灵测试"的方法，可以用来判断。它是由阿兰·图灵提出的一种方法。图灵是世界上第一个将计算机的概念理论化的人。

这种方法是让计算机和一个真人交谈，看真人能否分辨出谈话对象究竟是计算机还是人。如果谈话对象是计算机，却被误认为"和我谈话的是人"，那么就可以说计算机和人类一样聪明，这样的计算机就是具有智能的聪明计算机。

但是，即使用这种方法测试合格，就真的可以说计算机很聪明，具有智能吗？有人不这么认为，比如哲学家约翰·希尔。他认为，即使通过了"图灵测试"，计算机表现得像是具有智能一样，其实并不聪明，也没有智能。

比如，在一个房间里，有一位不懂中文的美国人，他有一本写有中文翻译的关于电脑程序的书。然后，有人用中文在纸上写出问题，送到房间里。房间里的美国人因为不懂中文，当然不理解问题的意思。但是，房间外面的人，得到了用中文回答的正确答案，于是，误以为房间里面的人懂中文。这就是著名的"中文房间"实验。

从这个故事中，我们可以发现，即使不懂中文，也能表现出像是懂中文的样子。这就是说，即使没有智能，也能表现得像是有智能的样子。

和这个故事类似的还有"无限猴子定理"。这个定理说的是，即使只是胡乱敲击计算机键盘，在无穷长的时间后，也能打出有意义的单词甚至文章。正如法国数学家埃米尔·傅雷尔所言，给予猴子无限的时间，让它随意敲击打字机键盘，最终总能打出莎士比亚（著名的英国作家）的作品。

我们用掷骰子打比方。掷骰子的时候，会掷出1至6中任意一个数字，但没人知道具体会掷出哪个数。一般来说，每次掷骰子的时候，都

活着还是死去……

会得到不同的数。偶尔也会有连续几次掷出同样数字的情况，但那只是偶然现象。但是，在极其罕见的情况下，可能连续100次都会掷出"1"这个数。这种事情虽然非常罕见，但谁也不能说"绝对不会发生"。像这样的事情，就叫作"概率论"。

同样的，胡乱敲击计算机键盘，虽然可以输入文字，但通常只会是一连串毫无意义的字符串。但正像是刚才说的掷骰子一样，在极其罕见的情况下，那些字符串才会成为具有意义的句子。

所以，要判断人工智能是否真的具有"智能"，其实是非常困难的。不过，人工智能真的有必要具有"真正的智能"吗？如果人工智能能让使用者感觉它"聪明"并且"具有智能"，是不是就已经足够了呢？因为不管怎么说，使用人工智能的，还是我们人类呀。

智能是什么

调查、思考、总结！

◆ 掷30次骰子，观察1至6中，每个数字各出现多少次。如果说每个数是平均出现的，那么应该各出现5次——可是真的是这样吗？

◆ 如果不是这样的话，那么增加掷骰子的次数，分别掷60次、90次、120次、150次，再看看情况会发生什么变化呢？分析和总结掷骰子的结果。

扫码听

人工智能
不是万能的

正如前面所描述的，人工智能非常厉害，什么都能学习，什么都能做，所以自然会有人觉得，人类都比不上人工智能了，也许很多事情都不再需要人类了。实际上并不是这样。模仿人类制造出来的人工智能，当然也有很多不擅长的事情。

其中之一，就是"让计算机挑选相应的事物，挑选的条件与接下来要做的事情发生关联"，这叫作"框架问题"。

比如，大家要用铅笔在纸上写字的时候，会注意不要把铅笔芯折断，不要把纸弄皱，不要写错字。但是，人工智能考虑的不止这些，它还会考虑在纸上写字的时候，桌子会不会坏，坐的椅子会不会倒，等等。

如果是你，肯定不会担心这些问题。因为你知道桌子不可能突然坏掉，椅子也不会突然倒掉，所以会无视这些可能性。而且，如果连这些事情都要考虑，那就什么都做不成了。但是，要判断这些事情是否与自己要写字的事情无关，对于计算机来说，其实是非常困难的。如果只是简单地要求计算机无视某些事情，那么它可能会连必须考虑的事情都

不去考虑了，结果导致计算机无法正常运行。

那么，为什么这个问题对于计算机很难呢？这是因为计算机没有"常识"。所谓"常识"，是每个人都知道的，被认为是正确的事情。大家都知道的事情，都在词典和课本里整整齐齐地写着呢。不过，虽然大部分人都认为正确，但其实也有少许的差异。在不同的国家、文化或者宗教中，正确答案可能会有所不同。比如，有的国家以稻米为主食，有的国家以面包为主食。由于大家并不完全相同，所以没办法整理出一致的答案，教给计算机。因此，对于这些没有明确答案的问题，就是计算机的弱点。

如果要让计算机和人工智能正确工作的话，需要将所有的规则都明确规定下来，不能出现例外和预想之外的情况，像这样的环境，被称为"封闭世界"。然而，所有规则都很明确的环境，正常情况下是不存

▲在规则明确的世界里，人工智能展现出压倒性的力量。不仅象棋，连以前很难取胜的围棋，人工智能也击败了人类的顶尖棋手，取得胜利。（照片提供：AP/Aflo）

在的，它是人类强行构建出来的。在这种"封闭世界"中活跃的人工智能，被称为"弱人工智能"，或者"特化型人工智能"。它是只能在有限的环境中执行特定任务的人工智能，比如，下围棋、象棋之类的人工智能，就属于这一种。棋类游戏的规则都是预先确定好的，对于人工智能来说，在其中行动是非常简单的。

在我们所生活的实际环境中，每天都会发生各种事情，谁也不知道会遇到什么。要把接下来发生的事情全部正确地写出来，那是绝对不可能的。像这样的环境，叫作"开放世界"，它是非常模糊而不确定的环境，没人知道会发生什么。能在这种"开放环境"中自由行动的人工智能，叫作"强人工智能"，或者"通用型人工智能"。比如，和人类一起

人工智能不是万能的

生活的"哆啦A梦",就属于这一种。

目前的计算机和人工智能,完全无法应对这种"开放世界"的模糊环境。要制造出"哆啦A梦"那样的机器人,也许还需要很长很长时间。

人工智能的分类方法	
在"封闭世界"中活跃的人工智能	**在"开放世界"中活跃的人工智能**
在规则明确的 有限环境里行动	在不知道会发生什么的 真实世界里行动
弱人工智能	强人工智能
特化型人工智能	通用型人工智能
例如:下围棋、象棋的人工智能	例如:哆啦A梦、铁臂阿童木

探究学习

调查、思考、总结!

◆ 把你认为理所当然的事情写下来。
◆ 针对这些你认为理所当然的事情,调查其他国家的人是怎么认为的,并把调查结果总结出来。

扫 码 听

如何与
人工智能相处

人工智能是非常方便、非常强大的工具。它并不会变成威胁人类的东西，也决不能成为威胁人类的东西。不过，要安全、安心地使用人工智能，我们需要正确地理解和使用它们。就像菜刀也是很方便的工具，但如果使用方法不对，也会非常危险一样。我们决不能恶意使用人工智能。

◀就在你们读这本书的时候，人工智能的开发与研究也正在世界各地如火如荼地推进着。比如，机器人在酒店里工作已经成为司空见惯的场景。(照片提供：Aflo)

今后，人工智能还将不断进化，还会变得更加聪明。今天，我们听到"像人类一样的机器人"这种说法的时候，会对那个机器人产生很"聪明"的印象。相反，如果听到"像机器人一样的人"这种说法，就会对那个人产生"冷冰冰""很死板"的坏印象。

但是，这些都只是当下的印象。语言和生物一样，都在随着时代不断改变内在的含义。今后，随着时代继续发展，也许"像机器人一样的人"这种说法，会变成"非常厉害"的意思。

人工智能不是人类的竞争对手，而是协助人类的优秀伙伴，它会成为人类不可缺少的帮手。未来时代，人工智能很可能会代替人类去做困难的工作，或者人类不想做的工作。到那时候，包括你在内的人们，又会在做什么呢？到那时候，你又应该做什么呢？只要整天玩耍享乐就可以了吗？我想，这是整个人类都要面对的问题。

探究学习

调查、思考、总结！

◆ 想想看，有什么方法可以防止错误使用人工智能。

◆ 如果有一天，人工智能真的能够代替人类完成所有的工作，那么你要做些什么呢？整个人类又该做什么呢？

写给孩子的编程思维启蒙书 **2**

趣学编程

[日]土屋诚司 著

丁丁虫 译

中国青年出版社

图书在版编目（CIP）数据

趣学编程 /（日）土屋诚司著；丁丁虫译 . -- 北京：中国青年出版社，2023.5
（写给孩子的编程思维启蒙书；2）
ISBN 978-7-5153-6814-6

I. ①趣 … II. ①土 … ②丁 … III. ①程序设计—青少年读物 IV. ① TP311.1-49

中国版本图书馆 CIP 数据核字（2022）第 200516 号

版权登记号：01-2021-3342

PROGRAMMING NO KIHON
Copyright © Seiji Tsuchiya 2020
Chinese translation rights in simplified characters
arranged with SOGENSHA, INC., publishers
through Japan UNI Agency, Inc., Tokyo

项目经理：张鹏
策划编辑：田影
责任编辑：夏鲁莎
封面设计：乌兰

写给孩子的编程思维启蒙书 2
趣学编程

著　　者：[日] 土屋诚司
译　　者：丁丁虫

出版发行：中国青年出版社
地　　址：北京市东城区东四十二条 21 号
网　　址：www.cyp.com.cn
电　　话：（010）59231565
传　　真：（010）59231381
企　　划：北京中青雄狮数码传媒科技有限公司
印　　刷：北京瑞禾彩色印刷有限公司
开　　本：880 x 1230 1/32
印　　张：4.5
字　　数：160 千字
版　　次：2023 年 5 月北京第 1 版
印　　次：2023 年 5 月第 1 次印刷
书　　号：ISBN 978-7-5153-6814-6
定　　价：168.00 元（全三册）

本书如有印装质量等问题，请与本社联系
电话:（010）59231565
读者来信: reader@cypmedia.com
投稿邮箱: author@cypmedia.com
如有其他问题请访问我们的网站: http://www.cypmedia.com

序 言

　　这本书不仅会介绍编程语言的使用方法，还会介绍所有编程语言共有的"编程"的本质和思维方式。

　　听到编程这个词，你也许会觉得，那是只有一小部分很厉害的人才能用的、难度很大的、无法理解的东西。其实根本不是这样，它就是大家平时自然而然的思考方法、做事方法。比如，上课时间安排，或者超市购物，都是"程序"。如果不会"编程"，就会导致时间无法合理安排，或者忘记买东西，或者错买了不需要的东西。

　　所以，为了有意识地运用编程，从小学开始就需要培养编程的思维方式。也就是要学会所谓"逻辑性"的思维方式。

　　让我们了解编程的本质，掌握编程的能力，从不同的视角去思考各种各样的事物，为构建更加美好的未来努力吧。

目 录

程序是什么？

"编程"就是编写"程序"。那么，"程序"到底是什么呢？是可以把希望对方做的事情按顺序写下来的东西，也就是通常所说的指示文件、指令文件。比如，爸爸妈妈让你帮忙去办事的时候，常常会交给你"办事清单"，这就是"程序"。"买鸡蛋""然后去洗衣店拿衣服"，你有没有收到过这样的清单呢？

不过，为什么需要"程序"这样的东西呢？这是因为需要有人代替自己去做事。帮爸爸妈妈办事是因为他们都很忙，没时间去买东西，所以需要你代替爸爸妈妈去购买。

通常来说，听到"程序"这个词，就会想起计算机。计算机是人类开发出来的工具，能够代替人类进行困难的计算，把中文翻译成英文，做各种各样的事情。一般认为，世界上第一台现代电子数字计算机是1946制造的"ENIAC"。它的制作者将人们幻想中的计算机变成了现实。ENIAC非常巨大，体积有两个教室那么大。

3年后的1949年，世界上第一台存储程序式电子计算机——

"EDSAC"开始运行。它是今天我们熟知的计算机的基础。和今天的计算机一样，它是以"程序内置的方式"运行的，这种类型的计算机叫作"冯·诺依曼型计算机"。

"冯·诺依曼型计算机"由"五大组件"构成，包括：指挥整个计算机正常工作的"控制组件"，记忆各种信息的"存储组件"，进行各种计算的"运算组件"，键盘、鼠标之类的"输入组件"，显示器和打印机之类的"输出组件"。用人体打比方的话，"控制组件""存储组件"相当于大脑。程序和信息（数据）保存在"存储组件"中，工作的时候在"运算组件"中进行计算。由于程序保存在"存储组件"中，所以才有了"程序内置型"这个名字。

计算机可以和人类一样做各种工作，不过和人类不一样的是，它并没有"想做这个"或者"一定要努力工作"的想法。它只是遵照人类的指示，不慌不忙地、准确无误地、非常快速地执行任务。也就是说，如果人类不下达指示和指令，不去要求计算机"做这个""按照这个顺序做"，计算机就无法运行。

在下达指令的时候，"程序"非常重要。人类把需要计算机做的事情写下来，传达给计算机，让计算机准确无误地执行指令。要实现这个目标，必须"准确无误"地写出"程序"。"准确无误"的要求，就是对刚接触编程的我们而言，感觉很难的原因。

我们来想想刚才帮忙购物的例子。爸爸妈妈让你"去买鸡蛋"。但是，去超市一看，里面卖的鸡蛋有价格高的，有价格低的，有白色的，有黄色的，有6个装的，还有10个装的。这时候，你该怎么办？如果是你的话，因为知道平时买的是哪种鸡蛋，所以很有可能会买同样的鸡蛋回家吧。就算没有完全一样的鸡蛋，也可以买差不多类似的鸡蛋带回家去。而你之所以能这么做，是因为你很聪明的缘故。

那么，计算机会怎样呢？计算机做事情虽然能比人类更快、更准确，但其实并没有你那么聪明，它非常笨拙。它不能理解爸爸妈妈想要的鸡蛋是什么样子，也不能把类似的鸡蛋买回来。所以，我们必须把自己的想法、自己的思考、自己想要计算机做的事情，一五一十并完完全全地写出来，对计算机下达指示。也就是说，不能简单地写"去买鸡蛋"，而是要写成"到门口的某某超市，买19.8元、10个装的白鸡蛋。如果没有这种鸡蛋，那就什么都不要买，直接回家"。不这么写的话，计算机绝对买不成鸡蛋。

程序是什么？

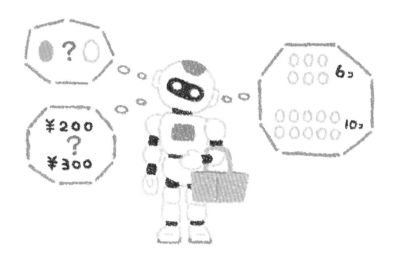

探究学习

调查、思考、总结！

◆ 你有什么希望计算机代替自己去做的事吗？把它们写下来吧。

◆ 让计算机代替自己做那些事的时候，需要怎么写才能让计算机理解呢？尝试写写计算机的指令文件吧。

◆ 和朋友交换指令文件，各自按照对方的指令文件行动，看看朋友有没有像自己所想的那样行动。

◆ 如果没有像自己所想的那样行动，那就再想想自己应该怎么写指令文件。

编程的
思维方式

要编写"准确无误"的程序，应该怎样着手呢？初看感觉好像很难，其实掌握了诀窍就会很简单。必须掌握的诀窍有下面三条：

- **细化目标、分解问题**
- **简化问题**
- **确定问题的顺序**

只要考虑了这三条，就能写出"准确无误"的程序。

首先让我们来看看"细化目标、分解问题"这一条。比如，刚才提到"买鸡蛋"的例子中，"鸡蛋"是什么呢？它是什么颜色的呢？还有它的大小，是大的、小的，还是不大不小的？要买几个呢？要花多少钱呢？该去哪里买呢？需要思考非常非常多的问题。

我们一般并不会对一件事情想得这么细致深入。因为你看，如果对所有事情都想得这么细致、这么深入，那真是要把人累死啦！所以我

们在生活中，会略过各种各样的问题，不会一条条全部加以思考。因为人是有"常识"的。什么叫"常识"呢？"常识"就是每个人都知道的东西，每个人都认为正确的东西。如果把每个人都知道的东西省略，需要思考的问题自然就减少了。

我们还是来看"买鸡蛋"的例子。你当然知道爸爸妈妈平时说的"鸡蛋"是什么，也知道该去哪里买。而且，爸爸妈妈也相信你知道这些事情，所以他们可以省略鸡蛋的大小、价格、购买地点等，指派你去"买鸡蛋"。如果爸爸妈妈不相信这一点，他们就不可能派你去。

所以，哪怕一开始看起来目标很大、很复杂，但一切目标都可以细化、分解。待目标细化分解以后，需要思考的一个个问题自然会变得非常简单。

一次性解决复杂问题是很难的。但是，先解决一个简单问题，再解决下一个简单问题，这样解决掉一个又一个简单问题，最后总能解决一开始那个复杂的问题。编程中最重要的就是运用这样的思维，对复杂问题进行分解和组合。

如果能将复杂问题分解成许多个简单问题，那么接下来只要确定问题的顺序就可以了。我们不妨想想去超市买鸡蛋的过程：

走进超市　　　　　　　　　来到卖鸡蛋的摊位

拿鸡蛋　　　　　　　　　　去收银台

付钱　　　　　　　　　　　离开超市

想要买鸡蛋，必须按这样的顺序行动。如果不按这样的顺序行动，就买不到鸡蛋。

编程的思维方式

比如下面这样的顺序：

（1）走进超市

（2）来到卖鸡蛋的摊位

（3）拿鸡蛋

（4）离开超市

这样就变成不付钱的小偷了，这可不行。

写在程序里的内容，计算机可以按照所写的顺序正确执行。正因为如此，我们必须写出顺序正确的程序。如果我们没有养成习惯，不擅长细致地看待问题，自然会觉得写程序很难。所以，想学会写程序，首先需要的是，从平时开始，养成细致思考各种问题的习惯。

调查、思考、总结！

◆ 你在课堂上听讲的时候，到底在做哪些事情呢？把它们仔仔细细地写下来，细致到让计算机也能执行吧！

◆ 让你的好朋友按照这张清单上所写的步骤去做。他能完成学习任务吗？如果不能，那是什么地方出错了呢？

◆ 改变清单上的步骤和顺序，再看看又会发生什么变化。

扫 码 听

3

编程基础〔1〕

运算符

　　计算机有一项重要的任务是"计算"，也被称为"运算"。你在数学课上，也做过各种计算吧。学习算术，我们可以进行加、减、乘、除各种计算。而计算机呢，当然也能进行这些计算。

　　在我们学习的算术中进行这些计算，叫作"算术运算"。在算术运算中所用的符号（加法运算的"+"、减法运算的"-"、乘法运算的"×"和除法运算的"÷"），就叫作"算术运算符"。顺便说一句，数学课上没有学的"算术运算符"，计算机也会用。比如"%"或"mod"，它是做除法求余数时用到的"算术运算符"。

　　如果不懂算术，去买东西的时候就没办法计算零钱，说不定会出现店员算错了钱的情况。为了避免这种情况，需要我们自己也能进行各种计算。

　　在计算机中，除了这样的"算术运算"，还有别的计算。那就是"逻辑运算"。"逻辑"是思考问题的方法，或是思考问题时所使用的规则，或者是一连串的想法。人们常说，学会编程就是学会了"逻辑思

算术运算符	逻辑运算符
＋ ー ✖ ÷ ％ mod	AND OR NOT XOR

维"，这个意思是说，根据适当的规则，将各种想法串联起来，不出错，不中断，一直到最后。要写出给计算机的指令文件，也就是"程序"，就需要这样的"逻辑"。只要学会书写程序，自然就会养成这样思考的习惯。

不过，如果说这种"逻辑运算"是为了思考的计算，估计你依然不知道它指的是什么吧。我们通常采用"十进制"进行计算，但计算机用的是"二进制"，也就是只用"0"和"1"进行计算。在"二进制"计算中，"逻辑运算"非常有用。

"逻辑运算"的思维方式，属于"数理逻辑学"中的"集合论"。比如，当被要求去"买鸡蛋"的时候，只要买鸡蛋就可以了，但被要求去"买鸡蛋和豆腐"的时候，就必须同时买回鸡蛋和豆腐才行。另外，如果说"不许买巧克力"，那么买巧克力回家的话就会被爸爸妈妈骂。像这样，好的或者坏的、有的或者没有的、"ON"或者"OFF"，都用"1"和"0"来思考和计算的方法，就是"逻辑运算"。

"逻辑运算"和"算术运算"一样，具有"逻辑运算符"。经常使用的逻辑运算符有"AND""OR""NOT""XOR"四种。它们分别叫作"逻辑与""逻辑或""逻辑非""逻辑异或"。那么，它们都是怎样的运算呢？我们用"蔬菜"和"甜"做例子来说明。

"蔬菜 AND 甜"指的是"甜的蔬菜"，就是同时符合"蔬菜"和"甜"这两个条件的东西，所以答案就是西瓜或者香瓜①。

"蔬菜 OR 甜"指的是"蔬菜，或者甜的东西"。也就是要么符合"甜"这个条件，要么符合"蔬菜"这个条件。它的答案不仅包括西瓜和香瓜，青椒和香蕉也满足要求。

"NOT 蔬菜"指的是"不是蔬菜的东西"。也就是必须满足"不是蔬菜"的条件。所以香蕉这个答案符合要求。

"蔬菜 XOR 甜"有点复杂，它指的是"不甜的蔬菜，或者不是蔬菜但是很甜的东西"。也就是先确定"蔬菜"和"甜"的相反要求，即"不是蔬菜"和"不甜"，然后组合成"不是蔬菜并且甜或不甜并且是蔬菜"的条件。符合这种条件的就是青椒和香蕉。

人们经常把这些"逻辑运算"画成容易理解的图形。这种图形叫作"维恩图"。维恩图用围起来的方框表示所有事物，用圆表示各种条件，用带颜色的部分表示符合相应条件的范围。这里，我们也用"蔬菜"和"甜"做例子，画出了各种维恩图。

① 日本的农林水产省将西瓜或者香瓜分类为"（水果型）蔬菜"。

编程基础〔1〕运算符

逻辑与

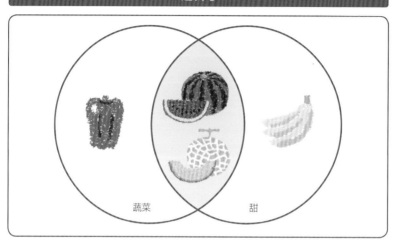

蔬菜　　甜

逻辑或

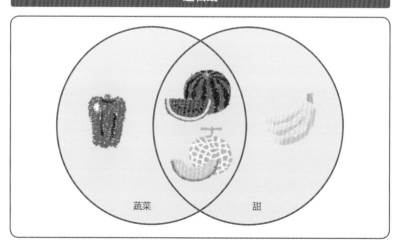

蔬菜　　甜

逻辑非

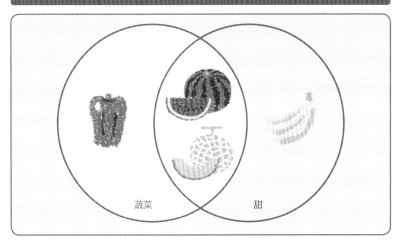

蔬菜　　　甜

逻辑异或

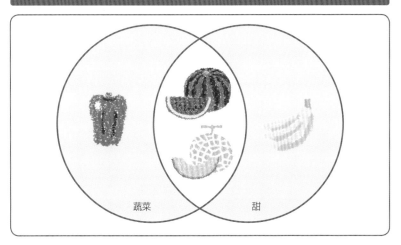

蔬菜　　　甜

编程基础〔1〕运算符

说到这里，我想大家应该明白了吧。虽然只有"1"和"0"（在我们的例子中是"蔬菜"和"甜"）两种情况，但可以把它们组合在一起，变得非常复杂。大家平时也许并不在意，但计算机内部做的就是这样的事，而且在人类每天的生活中，我们的头脑其实也是这样思考的。

调查、思考、总结！

◆ 下面两张图，都是以"蔬菜"和"甜"为例画的维恩图。请写出它们对应的是什么样的"逻辑运算"。请使用逻辑运算符"AND""OR""NOT""XOR"，写出相应的条件。

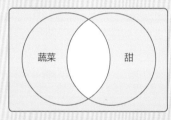
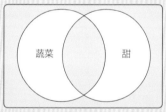

◆ 可以用"逻辑与""逻辑或""逻辑非"组合出"逻辑异或"。请想想看怎样组合能构成"逻辑异或"。

◆ 自己再找一个类似"蔬菜"和"甜"的例子，模仿"蔬菜"和"甜"进行"逻辑运算"，看看会得到怎样的答案，别忘记验算。

◆ 如果不止"蔬菜"和"甜"两个条件，而是三个条件、四个条件，又会变成什么样子呢？用维恩图画画看吧。

编程基础〔2〕

条件分支

　　我们可以在"算术运算"和"逻辑运算"中进行各种计算。那么，你是不是想根据这些计算结果，指挥计算机接下来去做某件事情，或者去做完全不同的另一件事情呢？比如：如果是西瓜，就在下午茶的时候吃；如果是香瓜，就当作甜点吃；如果是卷心菜，就当作主餐的配菜吃。如果能做到这样的程度，是不是感觉很好玩呢？

　　像这样，根据不同的情况调整"要做的事"，就叫作"条件分支"。至于判断是不是符合计算的结果，也有相应的记号来表示，它叫作"关系运算符"。"关系运算符"的种类、含义和使用方法，包括下面六种。

种类	含义	使用方法
==	○和△相等	○==△
!=	○和△不相等	○!=△
>	○比△大（○中不包含△）	○>△
>=	○比△大（○中包含△）	○>=△
<=	○比△小（○中包含△）	○<=△
<	○比△小（○中不包含△）	○<△

像这样，使用表示判断的"关系运算符"，来判断是否符合"算术运算"和"逻辑运算"的计算结果，就能构成各种各样的条件。这种"条件分支"，有两种写法。

第一种是像这样的指令，如果是〇，就做△；如果不是〇，就做□，这叫作"if 语句"。实际的程序写成这个样子：

```
if 〇
    then △
(else if ●
    then ▲……)
else □
```

用刚才的例子来写，就是这样：

```
if 蔬菜 AND 甜 == 西瓜
    then 下午茶的时候吃
else if 蔬菜 AND 甜 == 香瓜
    then 当作甜点吃
else 当作主餐的配菜吃
```

另一种是这样的指令，根据×的计算结果，如果是〇，就做△（如果是●，就做▲）……如果不满足任何条件，就做□，这叫作"switch 语句"。实际的程序写成这个样子：

```
switch  ×
    case ○:  △  break
    (case ●:  ▲ break……)
    default: □
```

用刚才的例子来写，就是这样：

```
switch 蔬菜 AND 甜
    case 西瓜: 下午茶的时候吃   break
    case 香瓜: 当作甜点吃 break
    default: 当作主餐的配菜吃
```

　　为什么表达同样的内容，会有两种不同的写法呢？那是因为它们的运作方式稍微有点不一样。第一种"if语句"中，程序会按照从上到下的顺序执行，而在第二种"switch语句"中，会根据计算的结果，跳到不同的地方执行。

　　在"if语句"的情况中，如果写在"if"后面的"蔬菜 AND 甜"的结果是"卷心菜"，那么首先要去看它第一个"if"中写的是不是"西瓜"。如果不是，再看第二个"else if"中写的是不是"香瓜"。如果仍然不是，那么才会去执行最后的"else"中写的"当作主餐的配菜吃"。

　　而在"switch语句"的情况中，如果写在"switch"后面的"蔬菜 AND 甜"的结果是"卷心菜"，那么由于这个结果和写在中间的"case"的"西瓜"和"香瓜"不同，所以就会跳过，直接执行最后的

4

编程基础〔2〕条件分支

"default"中写的"当作主餐的配菜吃"。

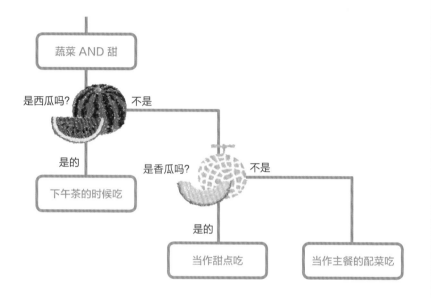

蔬菜 AND 甜

是西瓜吗?　　　不是

是的

下午茶的时候吃

是香瓜吗?　　　不是

是的

当作甜点吃　　　当作主餐的配菜吃

探究学习

调查、思考、总结!

◆ 用"蔬菜"和"甜"之外的例子思考"条件分支"。

◆ 用"if语句"写出你所思考的"条件分支"。

◆ 用"switch语句"写出你所思考的"条件分支"。

扫 码 听

5

编程基础〔3〕

变量与类型

　　我们已经知道，可以使用"运算"让计算机进行各种计算，并通过"条件分支"改变计算机的行动。不过，要让计算机"计算某个结果"，设置条件"改变执行的内容"，其实是很麻烦的事情。所以我们自然就会去想，最好还有什么办法能够处理这些麻烦的事情。

　　这时候就轮到"变量"登场了。有了变量，就可以将同样的事情写在一起，重复使用。比如，在前面的例子中出现的"蔬菜"，就是一种变量。实际上，"蔬菜"并不是食物的名字，所有的蔬菜都有自己的名字，就像"卷心菜""西瓜""香瓜""大蒜"等。只不过把这些名字一个个写下来太麻烦了，所以就用"蔬菜"这个词作为统称。

　　在程序中也是这样。用"变量"代表同样的东西，就能减少很多麻烦的工作。我们可以把"变量"想象成装在箱子里的东西。我们在收拾房间的时候，会把玩具收到玩具箱里，文具收到文具盒里，书本收到书架上，对吧？那些玩具箱、文具盒、书架，就相当于"变量"。它们能够容纳同类的东西。

这些箱子、书架，并没有严格的限制，比如"只能放玩具"或者"只能放书本"。只要大小能放得下，不管什么都能放进去。但是，如果真的什么都往里面放，箱子就会变得乱七八糟，到最后里面到底放了什么都搞不清楚，那么把东西放在箱子里面也就没意义了。我猜你一定有过类似的教训吧。

　　程序也是一样，基本上什么东西都能放到"变量"里，但为了不发生混乱，就需要确定变量的种类。当然啦，这里说的"种类"，是指计算机里的东西，它可不是玩具和文具，而是数字和字符。

　　数字又需要分成简单的数字（整数）和复杂的数字（小数）。而字符也需要分成一个字符或者是像单词那样的多个复杂字符（字符串）。

　　为什么非要这么做呢？这是因为，同样是数字和字符，它们的大小其实并不一样。就算是玩具箱，如果要装的东西比箱子大，那是怎么

也不可能放进去的。所以为了准备大小合适的箱子，就要将种类划分得很细致。这些种类，就叫作变量的"类型"。

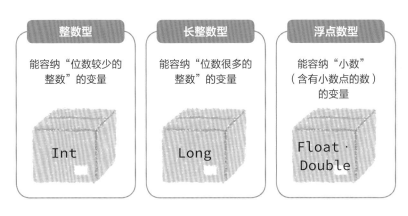

整数型	长整数型	浮点数型
能容纳"位数较少的整数"的变量	能容纳"位数很多的整数"的变量	能容纳"小数"（含有小数点的数）的变量
Int	Long	Float · Double

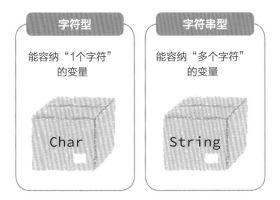

字符型	字符串型
能容纳"1个字符"的变量	能容纳"多个字符"的变量
Char	String

　　使用"变量"的时候，首先要决定表示种类的"类型"，还有"变量"的名字。可以自由地给"变量"取名。比如要把刚才的"蔬菜"当作变量使用的时候，就可以这么写：

　　String 蔬菜

编程基础〔3〕 变量与类型

　　这样，我们就能往"蔬菜"这个变量中放入各种字符串（名字）了。

　　使用"变量"能减少很多麻烦的工作。这是什么意思呢？我们还是用刚才"蔬菜 AND 甜"的例子来说明。我们听到"蔬菜"这个词，自然会想到"卷心菜""西瓜""香瓜""大蒜""萝卜"等，但计算机可不知道，所以必须把所有的情况都用"if语句"或者"switch语句"写下来，比如写成"卷心菜甜吗？""西瓜甜吗？""香瓜甜吗？"。这是非常麻烦的工作，而且除了这里列举出的，"蔬菜"还有很多种类，要想把它们全部写下来，是根本不可能的。所以在这里，用"变量"进行概括总结，就能写出简单的程序了。另外说一句，算术中虽然没有出现"变量"这个概念，但在初中数学里会学到。

调查、思考、总结！

◆ 思考蔬菜之外的例子，确定"类型"，尝试制作"变量"。

编程基础〔4〕

数组

　　使用"变量"，能把同样的东西归纳到一起，非常方便。不过这样就够了吗？所有的事情就都能安排得整齐妥当了吗？

　　举例来说，香瓜实际上也有很多种类，像哈密瓜、白兰瓜、香妃瓜等，有时候人们也不想用"香瓜"来笼统地称呼它们，就需要把它们一个个区分开来。

　　在这种时候，就需要"数组"登场了，它是一下子就能产生许多变量的方法。比如"蔬菜"这个变量，就相当于一个箱子，但如果我们把一些新的箱子放到这个箱子里面，并且给这些新的箱子做好分类，像"用于放香瓜的箱子""用于放卷心菜的箱子"等等，那就能整理得更加整齐了。这就叫作"一维数组"。

　　我们还能在"用于放香瓜的箱子"里面再放入新的箱子，比如"用于哈密瓜的箱子""用于白兰瓜的箱子""用于香妃瓜的箱子"，再进一步整理。这叫作"二维数组"。

　　再说下去就更复杂了，我们换个例子吧。比如我们把"1天"看成

一维　　　　　二维

是变量，那么把7天放在一起组成"1周"，这就是"一维数组"。而4周组成"1个月"，这就是"二维数组"。再用教室来打比方，1张课桌相当于变量，那么一横排或者一竖排课桌就是"一维数组"，而整个教室里的所有横排或者竖排桌子就是"二维数组"。

在程序中，"数组"的写法和"变量"差不多：

```
String 蔬菜[5]
String 蔬菜[5][10]
```

但是，每一行后面又都写了不同于"变量"的"[5]""[5][10]"这样的字符。这其实就是标注它不是"变量"，而是"数组"。只有一对"[ ]"就是"一维数组"，如果有两对"[ ]"就是"二维数组"。

"[ ]"中的数字，表示有几个箱子。所以像下面这句，就表示有5个"蔬菜"变量：

```
String 蔬菜[5]
```

而下面这句，则表示纵向有5个，横向有10个，总计有50个"蔬菜"变量。

```
String 蔬菜[5][10]
```

这里大家可能会有点疑惑：一共有50个"蔬菜"变量，那么我们怎么知道哪些是装"卷心菜"用的，哪些是装"哈密瓜"用的呢？其实，装"卷心菜"用的也好，装"哈密瓜"用的也好，在这里都没有区别。反正一共有50个装东西的箱子，哪些用来装卷心菜，哪些用来装哈密瓜，需要你们自己决定。

这和我们用玩具箱和工具箱整理房间是一样的。一开始，箱子只是箱子，并没有特别的意义。一旦你把某个箱子指定成装玩具的箱子，那个箱子就被称为玩具箱了。

编程基础〔4〕 数组

如果没有"数组"这种机制，只能用"变量"的话，那就只能把"String 蔬菜[5][10]"写成50个变量。那就意味着需要连续写50次相同的内容，而且名字还不能都叫"蔬菜"，不然没办法区分，所以需要起50个不同的名字。这非常烦琐，也非常难办。有了"数组"这样的机制，真是太好了！

在实际的程序中，有5个或者50个"蔬菜"变量的数组，会用编号来区分里面的每个箱子，就像"蔬菜[1]""蔬菜[2]"，或者"蔬菜[3][8]"这样。很多情况下，编号都是从0开始的，所以"蔬菜[5]"表示里面有5个箱子，编号从"蔬菜[0]"到"蔬菜[4]"。然而，并不存在名叫"蔬菜[5]"的箱子，这一点要注意哦。

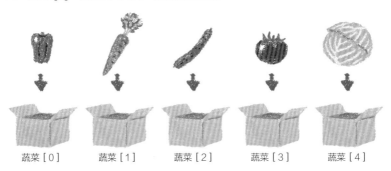

蔬菜 [0]　　　蔬菜 [1]　　　蔬菜 [2]　　　蔬菜 [3]　　　蔬菜 [4]

探究学习

调查、思考、总结！

◆ 观察自己身边的事物，从中找到用"一维数组"或者"二维数组"整理好的东西。

编程基础〔5〕

循环

使用"数组"，可以一下子产生许多"变量"。这些"变量"或者"数组"都是箱子，可以往里面放东西。也就是说，每个箱子里面都能放一个东西。如果是"变量"，因为数量不会太多，倒也没什么问题，但如果是"一维数组"或者"二维数组"，箱子就会非常多。如果要把东西一个个放到那些箱子里，虽然能够整理整齐，但是把东西放进箱子的工作未免太烦琐了。

比如前面"String 蔬菜[5]"的例子，如果要把5个"卷心菜"分别装到5个"蔬菜"箱子里，必须写成下面这样：

蔬菜〔0〕 = 卷心菜

蔬菜〔1〕 = 卷心菜

蔬菜〔2〕 = 卷心菜

蔬菜〔3〕 = 卷心菜

蔬菜〔4〕 = 卷心菜

　　因为都是同样的步骤，所以必须把同样的内容写上好多遍。这里的例子只写了5次，还算少的，如果要写10次、100次、1000次，肯定谁也受不了哇。

　　在这里能大显身手的就是"循环"。它是把同样的步骤整合在一起并且不断重复的方法。和"条件分支"一样，"循环"也有两种写法。

　　一种是这样的指令，从〇开始，在△的期间，重复做□。在□之后，进行×，如果不是△，则结束，这叫作"for语句"。

　　程序里写作：

```
for(〇；△；×) {
    □
}
```

　　用刚才的例子，使用变量"int 次数"来写，就会得到下面的程序：

```
for(次数=0；次数<5；次数=次数+1) {
    蔬菜[次数]=卷心菜
}
```

变量"次数"从"0"开始，小于"5"（不等于5）的时候，便会从"蔬菜"数组的0号开始，往里面放卷心菜。每次往"蔬菜"数组里面放一个卷心菜，次数就会加1。于是次数会逐渐增加到"5"，到了"5"以上的时候就会结束。也就是说，最后装入卷心菜的"蔬菜"箱子，是编号为4的箱子，0号~4号"蔬菜"箱子都装了卷心菜。

另一种是这样的指令，从〇开始，在△的期间，重复做□和×，这叫作"while语句"。程序里写作：

```
〇
While(△){
    □
    ×
}
```

把上面"for语句"的例子，用"while语句"写出来，就是下面这个样子：

```
int 次数=0
while(次数<5){
```

> 蔬菜［次数］=卷心菜
>
> 次数=次数+1
>
> }

　　我们顺便再来看看二维数组"蔬菜[5][10]"的情况。比如，在"for语句"中，使用"int 行数"和"int 列数"来写程序，就是下面这个样子：

```
for(行数=0；行数<5；行数=行数+1）{
    for(列数=0；列数<5；列数=列数+1）{
        蔬菜［行数］［列数］=卷心菜
    }
}
```

　　首先把卷心菜放进"蔬菜[0][0]"中，然后把卷心菜放进"蔬菜[0][1]"中，一直装到"蔬菜[0][9]"，下一个再装到"蔬菜[1][0]"中。这样不断重复下去，一直装到"蔬菜[4][9]"为止。

调查、思考、总结！

◆ 以二维数组"蔬菜[5][10]"为例，使用变量"int 行数"和"int 列数"，以"while语句"的方式写出来。

编程基础〔6〕

函数

在前面大家都看到了，要把同样的内容重复写很多遍，是一项很烦琐的工作，所以有了"变量"和"数组"。有了它们就很方便了。不过，人还是很怕麻烦的，总想尽可能地省事。所以，这里还有更方便的操作指令，就是"函数"。

在"函数"里，可以预先存放确定好的步骤。举个例子，大家肯定都去饭馆吃过饭。说到吃饭呢，我们一般都在家里自己做饭吃，不过爸爸妈妈偶尔也想休息，或者改善伙食，难免想到外面尝一尝别人做的饭菜，所以会去饭馆吃饭。

在饭馆里，把自己想吃的东西告诉店员，接下来什么也不用做，就可以等着美味的饭菜送上来了。如果是在家里吃饭，可不会有这样的好事。在家里，需要去买食材，摘菜、清洗、切菜，然后炒、煮、煎、炸，还要加入调味料，才能做出美味的饭菜。免不了要经过一番忙碌，我们要感谢爸爸妈妈哟。

"函数"就像是把这些烦琐的步骤隐藏起来的饭馆一样。在饭馆里，

只要点完菜，就能吃到美味的饭菜；在函数里，只要输入某个指令，就能返回相应的结果。用饭馆的例子写函数，就会得到这样的程序：

```
饭馆（String 点菜）{
String 饭菜：
switch 点菜：
case 今日套餐：饭菜=牛肉饭 break
case 推荐：饭菜=咖喱饭 break
default：饭菜=拉面
return 饭菜
}
```

这里的函数名，就是"饭馆"。

函数"饭馆"接受"点菜"。"点菜"的内容，叫作"参数"。在函数"饭馆"中，可以看到里面有前面我们见到过的"变量"和"switch语句"。像这样，我们可以向"函数"中放入各种步骤和指令。如果参数"点菜"是"今日套餐"，那么饭菜就是"牛肉饭"；如果是"推荐"，那么就是"咖喱饭"；如果都不是，那么就是"拉面"。

最后是提供点菜的"饭菜"。在程序中，是把写在"return"后面的内容返回。这种返回的内容，称为"返回值"。

也就是说，对于"饭馆"函数，只要输入"点菜"这个参数，就会返回"饭菜"这个返回值。像这样，只要把步骤整理成"函数"，就能在程序的各个地方自由地使用它。

请推荐

| 参数 | | 函数 | | 返回值 |

在程序中实际使用函数"饭馆"的时候，可以这样写：

String 食物 = 饭馆（推荐）

仅仅这一行，就能把"咖喱饭"放进String变量"食物"中。如果没有函数，就不得不把刚才"饭馆"函数中的步骤和指令全都写一遍，

编程基础〔6〕 函数

至少需要5行才能解决。有了函数果然很方便吧。

不过，再仔细想想，如果是只需要使用一次的指令，其实并不需要专门写成"函数"。因为这样反而会增加需要写的内容，比不写函数还要麻烦。只有可能使用好多次的指令才适合整理成"函数"。所以说，不能把什么东西都放到"函数"里，而要整理出最简化的、最必要的步骤，做成"函数"，让它能在各个地方被使用。

调查、思考、总结！

◆ 在自己身边找找看，除了饭馆之外，还有什么能总结成"函数"的事物。

◆ 尝试把找到的事物写成"函数"。

扫 码 听

编程语言的种类

　　在前面的内容中，已经出现了许多程序，不过那些都只是为了给大家留下一些基本印象。程序的书写方式有许多种，就像我们说话的时候，会有汉语、日语、英语、法语等各种语言一样。程序的书写方式和语言，也有很多种。

　　人类的语言有很多种，而在使用不同语言的时候，就需要有翻译，不然就会很难交流。说起来，如果只有一种语言的话，那才方便呢，可是为什么连写程序的语言也有那么多种呢？

　　那是因为，各种语言有自己擅长的事情，也有自己不擅长的事情。这和人类的语言是一样的。自古以来就有许多关于"水"的词汇，比如"热水""白开水""沸水""梅雨""阵雨""雨雪交加"等，各种词汇能够表达出细微的差异。这些词很难翻译成英语。因为对于使用英语的人来说，英语中本来就没有这些单词，他们也体会不到其中微妙的差别。如果用英语翻译的话，不能把它们替换成单个词汇，必须加以说明。

编程语言中也有类似的情况。也就是说，不管用什么编程语言，都能写出各种程序。但是，有的语言容易写，容易编程，有的语言不容易写，不容易编程。

所以，最好能学会至少两种不同特征的编程语言。如果能掌握两种不同特征的编程语言，那么其他编程语言总会和这两种编程语言中的一种类似，学起来也会很简单。先从两种编程语言学起吧。

那么，学哪两种编程语言呢？在回答这个问题之前，先让我们把各种编程语言做个分类吧。分类方法有很多，比如，我们可以按照写出来的程序类型分类。有的编程语言擅长编写计算机用的程序，有的编程语言擅长编写手机用的程序。

我们也可以从程序的工作方式上分类。计算机通过"0"和"1"来工作，但是，编程语言是用英文字母写的。实际上，在程序运行的时

编写的程序	适合的编程语言
计算机用的程序	C语言、C++
手机用的程序	Java、Swift
网站	PHP、JavaScript
人工智能	Python

候，要将这些英文字母转换成"0"和"1"，才能让计算机工作。什么时候转换呢？不同的编程语言，转换的时机也是不一样的。

编写的程序	适合的编程语言
编译型语言	C语言、C++
解释型语言	C语言、C++之外的编程语言

"编译型语言"，是将所有的程序编写为"0"和"1"的形式，然后再指挥计算机工作。虽然转换所有的程序确实比较麻烦，但它的特点是运行速度很快。而"解释型语言"只有在计算机将要执行某一行程序的时候，才会把这一行程序临时转换成"0"和"1"的形式。这种临时转换当然很简单，但是运行速度就没那么快了。

最后，我们还可以根据程序的写法分类。

编写的程序	适合的编程语言
过程型语言	C语言
面向对象型语言	C语言之外的编程语言

9

编程语言的种类

"过程型语言"是把较为简单的规则，排列成合理的顺序，指挥计算机工作。在编写规模较小、参与人数较少的程序时，用起来很方便。"面向对象型语言"则需要把各种零件连接、组合在一起，从而指挥计算机工作。在编写规模庞大、参与人数较多的程序时，用它会更方便。

根据上面的各种分类，在编写计算机程序和手机程序时，要能包含编译型语言和解释型语言，以及过程型语言和面向对象型语言，最好的选择就是先学会C语言和Java。这是我给大家的推荐哦！

探究学习

调查、思考、总结！

◆ 调查还有哪些编程语言。

◆ 研究还有什么分类方法。

◆ 对调查到的语言进行分类。

扫码听

编写程序时的诀窍

为了让计算机代替自己去做"不想做的事"或者"想要做的事"，我们需要使用编程语言，编写相应的程序。计算机看上去能够比人类更准确、更快速地完成工作，但其实它非常笨拙，并没有人类那么聪明。所以，我们必须把自己想的内容，从头到尾完完整整地写下来，向计算机下达非常详细的指示和指令才行。

也就是说，如果我们不能准确而详细地写出程序，计算机就绝对没办法执行我们想要的行动。而且，指示和指令的顺序也很重要。即使我们把想做的事情完完整整地写了下来，但如果搞错了顺序的话，也会得到完全错误的结果。

实际编写程序的时候，有一些小诀窍。想要做的事情可能会非常多，也非常复杂。在这种时候，我们常常会闷头一直往下写程序。习惯了写程序的人，会觉得写程序很有趣，所以常常会在没有仔细想清楚的情况下就动手写。但这是非常危险的。

为什么这么说呢？这是因为，人类总会犯错误。不管多么厉害的

专家，也不管经过多少次练习，都不可能从头到尾写出完全没有一点错误的程序，一定会有弄错的地方。这些被弄错的地方，就叫作"BUG"。

　　顺带一提，"BUG"是"虫子"的意思。美国第一代计算机"马克Ⅱ"运行时突然不工作了。调查原因的时候发现，计算机里钻进了真的虫子，导致计算机发生了故障。从此以后，凡是导致计算机不能好好工作的程序错误，人们都称之为"BUG"。

　　我们最终要编写的是没有"BUG"的程序，但要从一开始就写出没有"BUG"的程序，是不可能的。那该怎么办才好呢？办法就是，不要一口气写完整个程序，而是从少量程序开始一点一点编写。首先编写出简单的程序，验证它能不能正常工作。确定可以正常工作以后，再在这个程序的基础上进行改进，把它改得稍微复杂一点，然后再一次验证它能不能正常工作。不断重复这个步骤，最终就能得到复杂的、能够按照自己的想法工作的程序。

要在编写程序的过程中验证它能不能正常工作，重点在于让程序运行起来。程序才编写到一半，当然不会像自己希望的那样工作，但如果这时候程序并不能好好完成一半的工作，那就不对了。如果它不能完成一半的工作，就说明这时候程序里已经有了"BUG"。

要让编写到一半的程序运行起来，是一件非常麻烦的事。但是，如果想要省掉这个麻烦，那么自己辛辛苦苦编写的程序，可能就会混进无法处理的"BUG"。

有句俗话叫作"摸着石头过河"，它的意思是说，在做事的时候，一定要非常小心，随时注意观察。编写程序的时候也是一样。另外，我也很喜欢"千里之堤，溃于蚁穴"这句名言。很多"BUG"只是小小的错误，如果放着不管，很容易引起更大的错误。大的"BUG"是很难处理的，但小的"BUG"却没那么麻烦。所以大家一定要养成习惯，趁着错误还小的时候抓紧纠正它。

编写程序时的诀窍

　　这样的习惯，不仅是用在编程上，在日常生活中也是非常有益的。先进行认真的思考，然后再采取行动。如果还是出现了错误，那么就赶紧加以改正。最后，注意不要重复犯同样的错误。

调查、思考、总结！

　　◆ 选择一种编程语言，尝试编写程序。

写给孩子的编程思维启蒙书 3

提升数字素养

[日]土屋诚司 著

丁丁虫 译

中国青年出版社

图书在版编目（CIP）数据

提升数字素养/（日）土屋诚司著；丁丁虫译 . -- 北京：中国青年出版社，2023.5
（写给孩子的编程思维启蒙书；3）
ISBN 978-7-5153-6814-6

I.①提 ⋯ II.①土 ⋯ ②丁 ⋯ III.①程序设计—青少年读物 IV.① TP311.1-49

中国版本图书馆 CIP 数据核字（2022）第 204388 号

版权登记号：01-2021-3342

DIGITAL LITERACY NO KIHON
Copyright © Seiji Tsuchiya 2020
Chinese translation rights in simplified characters
arranged with SOGENSHA, INC., publishers
through Japan UNI Agency, Inc., Tokyo

项目经理：张鹏
策划编辑：田影
责任编辑：夏鲁莎
封面设计：乌兰

写给孩子的编程思维启蒙书 3
提升数字素养

著　者：[日] 土屋诚司
译　者：丁丁虫

出版发行：中国青年出版社
地　址：北京市东城区东四十二条 21 号
网　址：www.cyp.com.cn
电　话：(010)59231565
传　真：(010)59231381
企　划：北京中青雄狮数码传媒科技有限公司
印　刷：北京瑞禾彩色印刷有限公司
开　本：880 x 1230 1/32
印　张：4.5
字　数：160 千字
版　次：2023 年 5 月北京第 1 版
印　次：2023 年 5 月第 1 次印刷
书　号：ISBN 978-7-5153-6814-6
定　价：168.00 元（全三册）

本书如有印装质量等问题，请与本社联系
电话：(010)59231565
读者来信：reader@cypmedia.com
投稿邮箱：author@cypmedia.com
如有其他问题请访问我们的网站：http://www.cypmedia.com

序 言

扫 码 听

    互联网技术、微信和QQ等通信服务应用程序，都是与我们的生活息息相关的事物。本书将要介绍的不是它们的使用方法或者应用场景，而是技术和程序的本质。

    提起互联网、微信和QQ，大家可能会觉得，青少年要比老年人更熟悉。的确，要说使用这些技术，或许确实如此。但是，要说到深入理解这些技术本质上的好与坏，并且能够妥善运用它们，情况可就未必了。

    数字技术的运用，实际上并不仅仅是使用计算机和手机，而是要妥当地想象、理解、对待机器背后的事物——也就是使用这些机器和技术的人。

    如果用错误的方式应对，就可能产生非常严重的后果。不过，我们也不应该对此感到畏惧。我们首先应当牢牢掌握数字技术的本质，理解它的危险性，进而更方便、有效、安全地运用它们。

目 录

扫 码 听

什么是数字素养？

　　大家以前有没有听说过"数字素养"（Digital literacy）这个词呢？近些年来，"信息素养""媒体素养""IT（Information Technology，信息技术）素养""电脑素养"等，各种各样的"〇〇素养"，充斥在大家的日常生活中。

　　在这里，令人困惑的问题是"素养到底是什么"。素养（literacy）一词原本的含义是指"阅读和书写的能力"。而说话和聆听的能力，对于用语言进行交流的人类来说，是一种必须掌握的技能，甚至可以说是生存必备的技能。为此，从出生那天起，我们就在日常生活中，自然而然地学习这种能力。

　　但是，相较于说话和聆听的能力，阅读和书写的能力很难自然而然地掌握。除非投入时间精力努力学习，否则无法掌握。人们为了更好地适应现代生活，不仅需要拥有"听"和"说"的能力，而且需要掌握"读"和"写"的能力。也就是说，要想让自己的人生变得更加丰富多彩，"素养"（阅读和书写的能力）是不可或缺的。

远在日本江户时代，人们会在所谓的"寺子屋"（学校）里学习阅读、书写和珠算，并把这些作为日常生活中不可缺少的能力。这一观点也延续到今天的学校教育中。这些年来，"电脑编程"日渐取代了"珠算"的学习，也就是说，电脑以及驱动电脑工作所必需的"编程"能力，日渐成为生活中的重要部分。

回到最开始的问题，近年来经常听到的"数字素养"这个词，到底是什么意思呢？具体来说，它指的是"正确理解与数字技术相关的事物、知识和信息，能够用自己的话语对其进行说明、做出判断、灵活运用的能力"。

人们认为，是否能从本质上理解数字技术的好处与坏处，培养正确应对的能力，将会关系到每个人能否在社会上生存下去。

在你们出生的时候，身边想必已经充斥着电脑、智能手机、互联网等事物了。爸爸妈妈在用，学校里也有人在用。以前，人们会把这种从

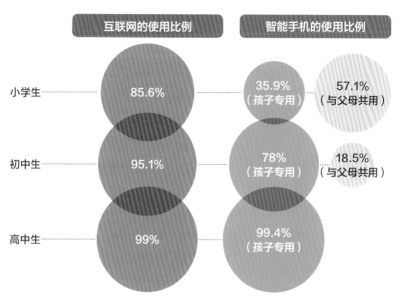

小学生 ···········

85.6%

35.9%
（孩子专用）

57.1%
（与父母共用）

初中生 ···········

95.1%

78%
（孩子专用）

18.5%
（与父母共用）

高中生 ···········

99%

99.4%
（孩子专用）

本图依据日本内阁《2018年青少年互联网使用环境实态调查》绘制

小生活在各种数字化环境中的人，称为"数码世代"（Digital Native）。不过在今天的社会中，这已经是理所当然的情况了，所以基本上没人再刻意提起这种称呼了。

要想正确运用这些数字技术，仅仅了解相应的软件和用法，其实是远远不够的。我们必须理解更为深层的东西。换句话说，我们需要学会站在交流者的立场上，设身处地地想象那些同样使用这些技术进行交流的人。不然的话，我们便有可能伤害对方，或者伤害自己。在最坏的情况下，我们甚至还会触犯法律。

说到这里，大家也许会想："那还是不用数字技术更好吧？""不懂数字技术才安全吧？"但在今天的社会里，我们其实很难避免使用数字技术。重要的是，我们不能畏惧它，而是要知晓它的危险性，学会便

什么是数字素养（Digital Literacy）？

捷、有效、安全地使用它。

在本书中，我们将为大家指出潜藏在数字技术中的各种危险，以及需要注意的地方。想要掌握"数字素养"，最重要的就是要了解它。接下来，就让我们开始学习吧！

◀现如今，把自己觉得有意思的事，对别人有帮助的事，拍成视频传到网上去，已经不是什么新鲜事了。把这种事当成自己工作的人，我们称其为视频UP主。有不少这样的UP主，知名度甚至可以和影视明星媲美。（摄影: mon printemps/Aflo）

探究学习

调查、思考、总结！

◆ 你身边有哪些数字技术和服务呢？调查看看它们是什么时候出现的，并且做个总结吧。

◆ 在使用这些技术和服务的时候，你知道有哪些"规则"和"必须注意的地方"吗？列一份清单看看吧。

改变世界的互联网

　　当今世界不可或缺的互联网，为什么会如此普及呢？这个问题有多方面的原因，不过在这里，我打算从三个方面解释。

　　第一个原因是"节约时间"。对所有人而言，时间都是公平的，一天24小时，一年365天。在这些时间里，每个人都按照自己的想法生活。但很常见的情况是，有些事情想要去做，却没有时间。这时候，就需要互联网的帮助了。

　　比如，想要见一见住在老家的爷爷奶奶。如果是以前，我们必须乘坐汽车、火车、飞机等交通工具回老家，否则绝对见不到爷爷奶奶。但是有了互联网技术，我们不用出远门，也能看到他们，和他们说话。摄像头会实时传送双方的视频，传递双方的说话内容。而且不仅有一对一的视频电话，还有可以让多人同时通话的视频会议系统。

　　再比如，遇到了某个不懂的问题，以前只能去学校或者图书馆翻阅大量书籍，尝试找到相关内容，自己去寻找答案。但是今天只要会用电脑或者智能手机，就可以从全世界的信息中轻松搜索到自己需要的内容。这也是互联网带给我们的巨大变化。它令这个世界变得更为便捷，也为人们节省了大量出行和调查的时间。

第二个原因是"克服距离"。在上面的例子中，运用互联网技术和居住在老家的爷爷奶奶通话，不仅节约了时间，也克服了距离的问题。同样的，以前许多需要出行的事务，也可以改用互联网技术来完成。

谈到旅行，如果想去国外旅行，有了互联网技术以后，我们可以轻松地通过网络参观实现。如果想要看看美国的自由女神像，你只要委托朋友在自由女神像旁边架一台摄像机，不仅能看到雕像，也能听到其周围的声音。如果还有一台机器人的话，还能指挥它代替自己在周围走动，这样一来，就像身临其境一样。对于那些身体不便，想去又去不了的人来说，这是非常难能可贵的。

互联网和数字技术的历史

主要技术和服务的出现年代

| 最早的电子计算机（ENIAC） | 1946 |

最早的互联网技术
（ARPANET）—— 1967

无线网络
（Wi-Fi）的开发 —— 1970

操作系统
（Windows 95）

互联网在世界普及
互联网在日本普及 —— 1989

搜索引擎（Google）

门户网站
（Yahoo! JAPAN） —— 1993

在线百科全书
（Wikipedia日语版）；
第三代移动通信系统
（3G）；高速线路
（光纤）

1995

购物网站
（Amazon日语版） —— 2000

1996
1997
2001

社交软件（Facebook）—— 2004
社交软件（Twitter）—— 2006

2005 —— 视频共享服务（YouTube）
2007 —— 智能手机上市

社交软件（Instagram）—— 2010

2011 —— 交流应用App（LINE）

第四代移动通信系统（4G）—— 2012

第五代移动通信系统（5G）—— 2020

　　"克服距离"还有更重要的应用，它能让医生不必亲临现场，就可以为远方的患者做手术。只要在患者身边配置一台机器人，医生就能运用互联网技术，指挥机器人给患者做手术。

　　第三个原因是"节省费用"。比如，我们想要环游世界的时候，如果是实际出行，那么机票、酒店等费用，都是很大一笔开支。尽管旅行

改变世界的互联网

的目的是亲身体验，但在一定境况下，节约费用也很重要。如果我们可以运用前面所说的互联网技术，不用亲身到达现场也能获得类似体验的话，自然可以节省大量的费用。

　　总而言之，运用互联网技术，可以实现许多以前无法做到的事。不过，是不是互联网技术可以解决一切问题呢？很遗憾，并不是这样。有些事情可以通过互联网技术做到，但有些不行。在有些情况下，即使可以通过互联网技术做到，也最好不要去做。让我们成为熟练运用和深入理解互联网技术的人，找到它的最佳使用方法吧！

调查、思考、总结！

◆ 调查并总结能够运用互联网技术节约时间、解决距离问题、节省金钱的实际案例。

◆ 总结有哪些事情是以前无法做到，但现在可以运用互联网技术做到，并且能够令人满意的。

虚假与真实

　　在互联网和社交软件上，每天都有许多新的信息。有效运用这些信息，就能够便捷、高效地生活。但并不是所有的信息都是正确的，其中也混杂着一些错误虚假的信息。有人会故意传播虚假的信息，也有人会在偶然或者无意识间传播错误的信息。近年来，有些"假新闻"（Fake News）也造成了一定的社会问题，想必大家都听说过类似的情况。想要有效地运用互联网或社交软件，就必须学会判断什么是真信息、什么是假信息。

　　我们该怎样区分、辨别真信息和假信息呢？遗憾的是，这是个相当困难的问题。我们没有办法断言，只要怎样做，就一定能找出真信息。不过，我们还是有一些方法，能提高获取真信息的可能性。

　　首先，就是确认"这条信息是谁发的"。轻信一个从未接触过的人发送的信息，是非常危险的。如果是一个值得信赖的人发送的信息，相对来说真信息的可能性更高。不过，这里需要注意的是，我们应当把谁视为"值得信赖的人"。许多人会把自己喜欢的明星、名人当成"值得

▲事后发现为错误信息的图片示例。这张照片起初被视为日本地震时从动物园逃离的狮子的照片，并在网上广为流传，但其实是国外拍摄电影时的剧照。（摄影：Cates News/Aflo）

信赖的人"，但其实并不见得，所以一定要小心。

在确定信息来源的时候，我们可以关注显示互联网信息的地址，也就是所谓的"URL"（地址）。我们在上网的时候会使用浏览器软件，在这种软件的上方，会有一串"https://"开头的字符。如果这串字符的最后带有"gov.cn"之类的字符，就说明是政府机构发送的内容，一般都是可信的。

其次，"什么时间发送的信息"也很重要。比如，我们看到一条说"火山爆发了！"的信息。如果是刚刚爆发的，那么这条信息就显然很重要，但如果是几年前的火山爆发事件，自然不是什么大问题。发送到互联网上的信息，一般都会永久保留下来，所以在看到信息的时候，需要仔细检查是不是最新的信息。

还有，在日常生活中，我们周围总是充斥着各种信息，所以掌握真正的信息、了解正确的知识是非常重要的。只有了解更多正确的信息和知识，才不会轻易相信那些假信息。正因为不了解，才会被错误的信息误导。掌握更多的正确信息，可以通过自己的努力来实现。这需要我们养成习惯，对各种事物都保持兴趣和好奇，不断学习，从而掌握更多的知识。

最后，"不要因为很多人都在说，就以为是正确的"。对于某件事情，当自己与他人持不同意见、不同想法的时候，可能会感到很不安，觉得自己是不是弄错了。尤其是聪明人或者名人和自己意见不同的时候，就更容易产生这种感觉。这种情况下，有些时候可能确实是自己错了。但如果能掌握更多正确的知识，那么受到他人意见影响的情况会减少，也能更加准确地表达自己的想法。

3

假信息和真信息

探究学习

调查、思考、总结！

◆ 利用互联网查寻某种事物，并加以整理总结。

◆ 和朋友对比各自整理的内容，找出相同点和不同点。

◆ 讨论为什么会有相同和不同的地方，哪些信息是正确的，

哪些信息是错误的。

扫 码 听

潜藏在搜索里的危险

　　在使用互联网搜索信息的时候，很多人都会使用搜索引擎。像谷歌、雅虎、百度、必应等，搜索引擎有很多种。不管哪一种搜索引擎，只要把自己想要查询的内容输入到搜索框里，电脑就会从互联网的海量信息中，选出包含有输入内容的信息，并按顺序显示出来。大多数情况下，我们基本上能从前10条左右的搜索结果中，查到我们想要知道的信息，是不是很方便？也许大家每天都在使用搜索引擎吧。我基本上也是每天都会用。

　　如果大家都搜索同样的内容，并且同样都从最前面的10条左右的结果中选取自己想要的信息或者答案，那么最终大家就会形成同样的看法。在完成学校作业、撰写报告的时候，许多人都会如此在网上搜索参考资料。类似这样的时候，由于大家都采取同样的行动，所以经常会出现相同的想法，或者报告的内容高度相似的情况。

　　实际上，搜索结果很多，只看前10条真的合适吗？大家都选择的信息就是正确的答案吗？说不定在10条之后的搜索结果中，也有非常重要的答案和信息呢。谁能断言"答案只会在前10条里，后面绝不会有答案"呢？

一味认为搜索结果靠前的答案就是正确的信息，这是很容易犯错的想法。某个搜索引擎为什么会把某条信息放在最前面，究竟经过了怎样的处理，其中的过程一般是不公开的。某些情况下，也可能是开发搜索引擎的人或者公司，想要误导大家，所以故意把虚假信息放到搜索结果的最前面显示。尽管大家都期望不要发生这种事，但毕竟整个过程是保密的，我们无法得出准确的结论。

有时候，人们也很容易因为在搜索结果的最前列没有看到自己想要的信息，就忽略了后面的信息。我们通常把那些不在最前列的搜索结果称为"长尾"（Long Tail）。"长尾"原本指的是特定人群喜欢的商品。

销售大多数人想要的商品，自然可以赚更多的钱。但有些东西并不是大多数人想要的，只是特定人群或者少数人想要的东西，这也是不可否认的事实。尽管这些东西的销量很小，导致销售过程比较漫长，但只要增加销售的种类，也可以赚到钱。用图画来表示这种赚钱的方法，就像动物的长尾巴一样。

如果忽略这些"长尾"的信息——也就是和大多数人不一致的信息——那将会导致很难获得正确的信息。而且还有一个问题，如果不这么做，就没办法从多种视角看待一个问题，于是就很容易被大多数人的意见左右，最终走上"随大溜"的道路。尽管查阅搜索结果确实是一件

销售数量

商品种类

▲这是一张展现商品种类和销售数量的图片。如图所示，尽管商品的位置越靠左就越有人气、越畅销，但位于右侧的那些不太有人气的商品也很重要，也为整体的销售额做出了贡献。

潜藏在搜索里的危险

比较麻烦的事，但一般要浏览排在前面的100条左右的搜索结果，了解各种观点和意见之后，再做出自己的判断。

　　除此之外，还有非常重要的一点，不能仅凭互联网的搜索结果就采取行动，而是要自己亲眼看过、确认过实际情况之后再行动。尽管了解他人的想法很重要，但更重要的是自己的感受和想法。哪怕是所有人都觉得好吃的东西，说不定偏偏自己觉得很难吃。当然，相反的例子也是存在的。

调查、思考、总结！

◆ 运用互联网调查一种事物，并对搜索结果最前列的10条信息进行整理和总结。

◆ 运用互联网调查一种事物，并对搜索结果的第91～100条信息进行整理和总结。

◆ 对以上两项结果进行比较，弄清其中的不同之处。

个人信息和
个人隐私

　　有许多东西与互联网和社交软件等信息技术息息相关，其中之一就是个人信息。所谓"个人信息"，就像是"这个人是○○"，是一种能够确定某个人身份的信息。比如，姓名、出生日期、地址等，就属于这类信息。大家或许会觉得，通过地址只能查到一个人的家在哪里，并不能确定是家里的哪个人。但如果地址信息再加上"住在这里的女生""10岁的男孩"等信息，那就有可能推断出特定的个体了。所以，这些信息自然构成了"个人信息"。

　　除了个人信息，还有一个类似的词叫作"个人隐私"。这个词指的是个人的私生活和秘密，是一个人力图保护的东西，自己有权控制它是隐蔽的或公开的。

　　"个人信息"和"个人隐私"都非常重要。很多时候，人们会认为这两者非常相似，甚至在使用的时候不做区别。正如前面所说，这两者其实是完全不同的，在使用时还要多多注意。

　　大家可能会觉得，"我并没有什么不能让别人知道的事""我的信息

可归结为**个人信息**的内容	可归结为**个人隐私**的内容
姓名 地址 性别 出生日期 电话号码 邮箱地址 职业 收入 身高和体重 血型 ……	书信的内容 图书馆的使用记录 信用卡的使用数据 网上购物的购买记录 搜索引擎的搜索记录 爱好 交友关系 ……

没什么重要的"，许多成年人也会这么认为。但真的是这样吗？

举个例子，手机的地址簿里通常都会记录许多家人和朋友的电话号码。这些信息对自己来说都是很正常的，大家可能会认为这也没什么了不起的。但对于家人和朋友来说，电话号码是他们的个人信息，如果不小心泄露给其他人，就有可能给他们带来麻烦。

另外，即使是大家认为没什么了不起的信息，在有心作恶的人看来，也可能是非常重要的信息。比如，如果知道了谁是你的朋友，坏人也许就会给他们打电话说，"某某遇到了事故，情况很严重，你赶快过来"。而你的朋友接到这样的电话肯定会很担心，或许真的就会去坏人说的地方，结果正好落入坏人的陷阱。不管什么信息，坏人总会想方设法用它欺骗大家，所以一定要小心。

使用社交软件也要当心。比如你在微信朋友圈里发了这样一条信息："我们全家来到了夏威夷！"那么，也许有人会知道你家里没人，于是潜入家中行窃。而且，就算单独一条信息看不出什么，如果长期观察你发送的信息，把它们串联到一起分析，也有可能分析出你的"个人信息"和"个人隐私"。

大部分情况下，社交软件的信息是自己主动发送的，但有时也会在自己不知情的情况下被人窃取信息。比如，智能手机的GPS（全球定位系统）可以定位到手机当下所在的位置。即使关闭了GPS功能，也能通过查询信号发送的无线电台，大致确定手机的方位。也就是说，使用手机的人，在什么时候、什么地点、做了什么，都有可能被人知道。

还有，用手机摄像头拍照的时候，会记录下拍摄的日期和地点。这些数据一旦落在别有用心的人手里，甚至会原封不动地发送到网络上，数据也会泄露。

大家一定要记住，"个人信息"和"个人隐私"不仅仅是自己的事，还会影响到自己身边的人，所以一定要小心。

另外，有时候我们还需要从坏人的角度思考，要想想"坏人会怎么做"，才能避免"个人信息"和"个人隐私"被拿去干坏事。当然啦，我们自己也决不能做坏事哦。

5

个人信息和个人隐私

调查、思考、总结!

◆ 到底哪些信息属于个人信息?请试着进行整理和总结。

◆ 怎样才能更好地保护自己的个人隐私?请试着进行整理和
总结。

◆ 请想象坏人的想法,然后再想想有什么办法可以保护自己
不受坏人伤害。

扫 码 听

霸凌与匿名

　　无视他人、排挤他人、动用暴力——霸凌问题目前已经成为严重的社会问题。不仅在青少年中存在霸凌问题，成年人的世界也有同样的情况。近些年来，新闻中屡屡出现关于霸凌的报道。

　　关于霸凌问题，必须从小就树立正确的认识，采取正确的行动。我们必须认识到，任由霸凌发展下去，将会发展成种族歧视、迫害杀人，甚至会引发战争。

　　在互联网的世界里，人们总能隐藏自己的真实姓名和身份，这叫作网络的"匿名性"。在这样的状态下，人们常常会觉得网上的自己不是真正的自己，在网络上就像另一个人，或者像是透明人一样。于是人们在网络中不一定会抵制霸凌，甚至会主动升级霸凌行为。哪怕是一个日常生活中并不会霸凌他人的人，在网络世界里可能也会肆无忌惮地霸凌他人。

　　人是弱小的动物，但总喜欢让自己的形象显得更加伟岸、更加厉害。如果自己真能长成那样倒也不错，但问题是那需要很长的时间和很艰苦的努力。所以人们总喜欢把其他人描绘得比自己更加弱小、更加差劲，从而让自己获得优越感。这是很令人遗憾的本能。不过，人类也有着相应的智慧和思维能力，以及传达信息的语言能力，这些能力可以帮助我们克服那种本能。

那么，究竟怎样才能杜绝霸凌行为呢？我认为，一个办法就是让自己具备"同理心"。站在对方的立场上，从对方的视角去想象对方的内心活动。如果自己处在对方的境况下，自己内心会是什么感受？如果自己做出这样的事情，对方会遭遇什么？身边的人又会变成什么样？让我们时刻保持这样的同理心，从自我做起，杜绝霸凌现象。

除此之外，道德观与伦理观的问题，今后也可能会变得愈发突出。"道德观"指的是正确判断对错，尽力多做好事的内心意愿。"伦理观"指的是生活在社会中，就必须遵守相应规则的内心意愿。

但是，什么是对、什么是错，什么该遵守、什么不该遵守，其实很难判断。在发生争执的时候，我们总会把人分成敌人和朋友。敌人会认为某些事情是正确的，需要遵守，而朋友则会认为另一些事情才是正确的，需要遵守。不管是敌人还是朋友，都会认为"自己才是正确的"。实际上，所谓"正确"，与他们各自的国家、地区、文化、宗教、性别、年龄等息息相关。正因为彼此之间不能理解相互的想法和感受，才会出现纷争。只有舍弃"自己才是正确的"的想法，尊重他人的意见，尊重彼此之间的思维差异，才能杜绝霸凌和纷争。

　　在网络世界里，我们借助匿名性的庇护，保护自己不受伤害，但同时又可能会霸凌他人。即使素未谋面的人，也很容易通过网络攻击对方、霸凌对方。所以，相比于真实的世界，我们在使用互联网的时候，必须更加小心谨慎。

霸凌与匿名

与互联网个人信息泄露相关的侵犯人权案件（按年代顺序）

（基于日本法务省公开资料《2019年"侵犯人权案件"状况相关资料》）

2,500（件）

2,217

1,736

1,909

1,985

1,910

1,429

957

658　636　671

2010　2011　2012　2013　2014　2015　2016　2017　2018　2019（年）

▲2019年发生的案件中，诽谤名誉（在网上传播关于某人的毫无根据的传闻和坏话，致使他人的社会评价降低）相关的案件和侵害个人隐私（在未获得本人许可的情况下泄露关于他人私生活的信息）的案件，占到了整体数量近八成。

探究学习

调查、思考、总结！

◆ 你认为哪些事是正确的，哪些事是错误的？尝试进行整理和总结。

◆ 对比自己和别人整理总结的对错清单，看看到底有哪些不同。

◆ 如果存在不同的想法，就和对方讨论为什么会有这些不同。如果认为自己有错，就做出改正；如果认为自己没错，也试着理解对方为什么和自己想的不同。

扫 码 听

必须了解的版权问题

　　互联网上有海量数据。有文字数据，视频数据，照片、插画之类的图片数据，还有纯音乐、歌曲等音频数据等。很多都能免费观看和收听。大家应该也都浏览过这些数据吧。

　　通常来说，这些公开在互联网上的信息，个人可以不受限制地访问、自由地使用。但也有一些数据必须是会员才能访问，或者必须获得制作者的许可才能使用。此外，"自由"和"擅自"是两个完全不同的概念。看到"自由"两个字，你也许会认为可以随便做什么，但请不要忘记，"自由"也包含了一定的规矩和规则。

　　大家平时也可能会制作、创作各种内容。比如，上课时记笔记、在美术课上绘画，或者在假期的自由时间创作自己感兴趣的东西。即使是同样的课程、同样的主题、同样的创作工具，每个人最终拿出来的成果也会不同。有时候创作过程一帆风顺，有时候则磕磕绊绊，但无论如何，大家最好还是自己亲自动手去创作，因为这些作品中充满了自己的思考、努力和个性。在创作过程中，大家总是会全方位思考，不断尝试，花费许多时间和精力，最终完成作品。这样的过程，其实也是很辛苦的。

在互联网上，也有许多花费大量时间和精力创作出来的作品。对于这些作品，你是不是偶尔会觉得："这东西很有意思！""这东西真不错！"然后随手复制粘贴，把它当成自己的作品呢？这样的行为其实是违法的，严重的时候甚至会被警察抓走哦。

无论什么作品，创作时都会花费很多努力，投入很多时间，所以创作者对于自己的作品享有一定的权利。这种权利就叫作"版权"（也称著作权）。它并不需要特意声明"这是我创作的东西"，而是在创作时自动赋予创作者的权利。

作品是创作者花费很大精力创作的，创作者有权自由使用自己的

作品。如果其他人想要使用这些作品，就必须取得创作者的许可，要听到创作者说出"你拿去用吧"才行。某些情况下，创作者也许会这么说："你可以拿去用，但要向我支付相应的费用。"

数字信息不能随意复制。如果认为自己可以随意拍照，那也是错误的想法。这是一种盗窃行为。有时候，我们在书店里会看到有人用手机拍摄杂志封面，这其实也是违法的。大家千万不要尝试。只有掏钱买下来才行。

写读后感、写报告的时候，大家可能一边在网上查资料一边写。这种时候，如果把网上写的内容原封不动地复制下来，放到自己的作业里，这叫作"剽窃"，也是违法行为，绝对不能这么做。在自己的文章中使用他人所写的内容时，必须遵守相应的规则，清楚地说明这些内容

必须了解的版权问题

来自哪里，这叫作"引用"。这样，人们才能区分哪些是作者自己想到的，哪些是别人想到的。清楚标注出引用情况，才不算是剽窃他人的作品。大家在使用他人创作的内容时，千万要注意。

调查、思考、总结！

◆ 请调查哪些内容受到版权保护。

◆ 要避免自己因忽视版权问题变成"小偷"，我们应该怎么做？

扫 码 听

无形无影的
电脑病毒

　　今天，电脑已经成为日常生活中不可缺少的便捷工具，但有些人却会利用它来做坏事。他们会破坏我们使用的电脑，让我们倍感困扰。看到大家束手无策的样子，他们就会非常开心。

　　这些坏事中，有一种叫作"电脑病毒"。你一定有过感冒的经历吧，"电脑病毒"也会让电脑患上"感冒"。人类的感冒是因为感染了自然界中自然形成的"病毒"，而电脑的"感冒"是人为制造的"电脑病毒"程序。如果没有人故意制造出来的话，电脑是不至于"感冒"的。

　　人类患上感冒的时候，会咳嗽发热，非常难受。而电脑感染"病毒"、患上"感冒"的时候，性能就会变差，甚至完全不听指挥。这会让我们非常头疼。

　　除了"病毒"，"细菌"也会让人类生病。但"细菌"可以自己移动，独立生存，"病毒"却不能独立生存，它必须依附在某个东西上才能存活。这一点，"电脑病毒"也是一样。举个例子，"电脑病毒"会附着在照片或者文字类型的数据中。从外表上看，这些数据和普通数据没有任何区别，但其实里面隐藏了"电脑病毒"，非常麻烦。

那么，我们该怎样才能防止电脑患上"感冒"呢？最重要的是"预防"。为了避免感冒，我们会仔细地洗手、漱口、不挑食、保证充足的睡眠。电脑也是一样。在使用电脑时，只要留心"这个文件中是不是隐藏着电脑病毒"，就能实现预防的作用了。

另外，人们也开发了可以发现和删除电脑病毒的软件，平时要记得使用它们。用人类来打比方的话，那些软件就像是"医生"和"药物"一样。

还有其他的一些坏事，比如"黑客"和"破解"。一般人只是把电脑当成便捷的工具，但有些拥有很强的技术能力的人，不仅会使用电脑，还能改造电脑，重构框架，把电脑升级成更为便捷的样子。如果把这种能力用在好的方面，当然没有问题，但有些人会把这种能力用在不好的事情上。他们会设法破坏别人的电脑，篡改、删除别人的数据。如果我们遇到这种情况，当然会很头疼吧。那些坏人看到我们头疼的样子，也许还会向别人炫耀说，"看，我有本事做出这样的事。"顺便说

◀在防止病毒侵害电脑的时候，我们会用到杀毒软件。这类软件能够监视那些试图入侵电脑的病毒，同时还能删除那些已经混入电脑里的病毒。

一句，以前提到"黑客"和"破解"的时候，主要用来形容坏事，但近年来也有人把"黑客"这个词用在好事上，用于夸赞他人技术高超，所以大家看到这个词的时候还要注意区分。

互联网等数字技术在后台的运作，用眼睛是看不到的。比如，手机屏幕上会显示各种各样的信息，但这些信息到底是从哪里来的，又是怎么来的，我们并不能用眼睛看出来。所以对于坏人来说，隐藏起来干坏事是很容易的。相反，对于我们来说，因为有很多事情发生在我们看不到的地方，所以难免会觉得不安甚至恐惧。

8

无形无影的电脑病毒

遗憾的是，我们并不能把这些坏事从世界上清除，就像我们不能把疾病彻底清除一样。我们能做的就是不要害怕，掌握正确的知识，在做好预防的同时，安全使用电脑。

探究学习

调查、思考、总结！

◆ 要想保护电脑不受电脑病毒的侵害，我们应该注意哪些事情？请尝试整理总结。

◆ 尝试想象坏人会做什么样的坏事，又会怎么去做。然后再想想自己应该怎样预防。

扫 码 听

网上
无法做到的事

运用互联网和社交软件等数字技术，我们能够轻松便捷地弄清许多事物。但是，数字技术并非只有好的方面，其中注定也有一些不好的方面。日常生活中，我们往往倾向于关注它的优点，实际上，它的缺点也同样需要我们留意。

并非所有事情都能运用互联网之类的数字技术处理。当前的互联网只能处理文字、图像、音视频。换句话说，在人所拥有的"五感"中，互联网只能处理听觉和视觉。舌头的味觉、鼻子的嗅觉、皮肤和手指的触觉等，从目前的互联网架构来看，还很难处理。

另外，虽然我们可以在互联网上看到温度、湿度、风力等信息，却不能亲身体验到那样的环境。还有气氛与氛围也无法传达。举个例子，在视频电话中，你是不是会有些奇怪的感觉呢？但如果不开视频，只打语音电话的话，或许就不会有这种奇怪的感觉了。这是因为，打语音电话的时候，人们会下意识地认为自己看不到对方的模样，而在打视频电话的时候，我们可以通过摄像头看到对方，就会感觉像是平时面对

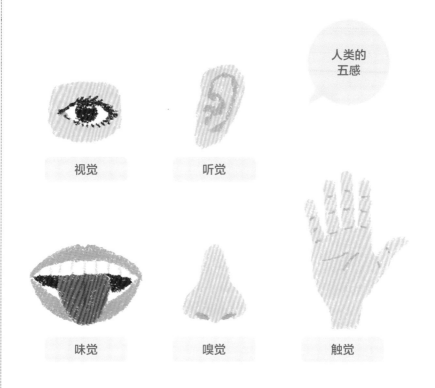

视觉　　听觉　　人类的五感　　味觉　　嗅觉　　触觉

面交谈似的，但又因为并不是真的见面交谈，无法感受到环境氛围和谈话气氛，所以难免会产生这样的别扭感。

　　所以，即使运用互联网这样先进的数字技术，也还是存在无法做到的事情。说到底，用这些技术获取的知识终究只是模拟出来的。要注意的是，如果不管什么事情都依靠互联网来处理，很容易偏离"真实的情况"。

　　再举几个其他的例子吧。比如物体的大小，也是一种必须亲眼看到才能感觉到的性质。有人认为"新加坡的鱼尾狮是最令人失望的旅游景点"就是很实际的例子。看到鱼尾狮的照片，我们很容易认为，既然是著名的观光景点，它肯定很大。但来到现场一看，才发现远比想象中的小，难免产生失望感。造成这种情况的原因，正是因为照片无法传达真实大小的性质。

其实我也去过那个观光景点，不过并没有产生那样的失落感。那是因为我感觉到它比我的印象中更大更气派。尽管有些人说那是"令人失望的旅游景点"，但看到实物的时候，我还是颇为激动的。像这样的情况其实也说明，自己的内心感受与他人的感受和描述可能并不相同。所以我们既要多听他人的意见，以这些意见为参考，也要亲自到现场去看一看，用自己的眼睛去确认。另外，大家也不要局限于"别人都是这

么说的……",要以自己的标准、自己的尺度去衡量各种事物。我们对事物的感受方式各不相同,而这样的不同是有益的。

调查、思考、总结!

◆ 就像"最令人失望的旅游景点"那样,调查看看其他人对哪些事物给出过负面评价,自己亲自去体验那些事物,用自己的感受做出判断。然后,尝试总结自己的感受。想一想,为什么自己的感受和他人相同或者不同。

◆ 想一想,在把自己的体验和感受描述给他人的时候,该怎样表达才会更加准确,不让人误解。

扫码听

培养自身的想象力

大部分数字技术，比如互联网和社交软件，尽管我们知道它们能做什么事，但却并不能看到它们背后的运作方式。通常情况下，只要能够方便地使用它们就可以了，不了解背后的原理和运作也没关系。

但是，如果想要更好地运用数字技术，想要改进使用方式，或者从大量信息和服务中筛选出符合自己要求的内容，那么在不了解内部原理和处理规律的情况下，显然是很难实现的。

可以预见的是，今后互联网等数字技术还将继续发展、不断提高，使用者的范围和对象也将不断扩展。在这样的情况下，要想了解所有的技术，就会变得越来越困难。

那么，我们该怎样应对这些最新技术呢？方法之一就是"想象"。关于"想象"，在前面第6部分"霸凌"和第8部分"病毒"中也曾提到过。在应对"霸凌"的时候，需要想象对方的感受，而在应对"病毒"的时候，也要想象坏人的动机。

所谓想象力，是人类独有的卓越能力之一。它能令人站在其他人

的立场上，从其他人的视角去审视事物。如果有机会的话，我们当然希望可以分解事物，观察其中的构造，但这样的机会其实很少，所以我们需要"想象"。要注意的是，想象不是"空想"。空想是自以为是，完全按照自己的主观想法揣测事物。这样的空想，常常和现实具有很大差异。但"想象"是不一样的。想象的内容不是自以为是，它需要我们看清事物的本质，换位到对方的立场上，设身处地地思考相应的问题。

　　这里的重点是"在现实可能发生的范围内展开想象"。我们该怎样才能做到这一点呢？这要求我们首先必须掌握正确的知识。不过，掌握所有知识是很困难的，所以大家也许会觉得"需要的时候上网查查就好了"。但是，每次上网查询也需要花费一些时间。而且在"想象"各种事物的时候，需要具备相应的知识和信息，如果每次都上网查询，确实会花费大量的时间。所以还是记在自己头脑里更方便。

此外，在"想象"的时候，"常识"也是不可或缺的。所谓"常识"，就是每个人都知道的东西，每个人都认为正确的东西。谁都知道的事情，其实都在词典和课本里整整齐齐地写着呢。不过，虽然大部分人都认为正确，但也会有少许的差异。在不同的国家、文化或者宗教中，也会有少许不同。我们需要充分认知和理解这些不同之处，然后再展开现实的"想象"。

我认为，"想象"是需要锻炼的。那么该怎么锻炼呢？举个例子，电视上有时候会播出国家领导人向民众宣布某些决议的画面，或者有一些演员出场的娱乐节目。在看这些节目时，不仅要观看，也要尝试把自己想象成那些国家领导人或者演员，想想自己会怎么说、怎么做。然后，再把自己代回到观看电视的自身上，想想在看到电视上的画面时，自己内心会有什么样的感受。视角一旦改变，我们就会想到不同的东西，体会到不同的感受。只要在平时多加练习，想象力自然会变得丰富。

还应该注意的一点是，自己什么都不知道，掌握的知识还很不够的情况。如果不知道的事情太多、掌握的知识太少，我们就没办法顺利展开"想象"。为了避免这个问题，我们需要多多收集信息。不管是在学校学习，还是和朋友交流，或者看电视、读书，或者和家人、邻居聊天等，这些都是学习知识、收集信息的重要方法。我们应当对各种事物都充满好奇，充实地度过每一天。这样的话，我们所看到的世界也许会有所不同。

那么，让我们再把话题放回到数字技术上来，思考"想象"的问题。数字技术是无数杰出者努力思考、辛勤工作之后创造出来的，这其中虽然也会存在某些前所未有的全新产品或服务，但实际上这样的情况

10

培养自身的想象力

非常罕见。仔细考察就会发现，大多数情况下，许多东西都只是对先前存在的产品或服务做了少许改进而已。它们只是为了迎合当今的时代，把从前流行过的事物做了一些改变罢了。

在时尚和甜品界，就有类似的情况。比如奶茶虽是今天的热潮，但其实已是历史上的第三次流行。第一次是在1992年前后，第二次是在2008年前后。不过，每次流行期间的商品并非一模一样，每一次都会有少许改进，以成为顺应时代的新形式。

技术的进步也是如此。你们有没有听说过"物联网"（IoT）这个词呢？它是"Internet of Things"的缩写，意思是"万物联网"。具

40

体来说，我们可以通过物联网技术，把冰箱连上网络，那么即使不在家里，我们也能知道冰箱里有什么东西。如果把空调连上网络，就能用手机控制空调。这样的想法乍看似乎是划时代的创新，但其实早在30年前，就有人提出过类似的设想，把它取名为"普适计算"（Ubiquitous Computing）。

　　类似的例子还有微信。它是今天信息沟通不可缺少的工具，但其实也是从早先的"聊天室"演变而来的。

　　诸如此类的例子都说明，从前流行过的东西，会以适应当今时代的新形态再次出现。要从一无所有的地方设想出前所未有的事物是很困难的。而将从前有过的东西加以改良，则要容易得多。借助以前的事物，充分展开想象，也许你就能创造出适合下一个时代的全新产品或服务。一起来试试吧！

▲左侧的图片是聊天室（Chat room）。Chat在英语里有"闲聊"的意思，它能够通过网络连接相互传送一些较短的文章（文字）。而现在的微信，不仅可以传送文字，还可以传送视频和音频。（右侧照片提供：Jakkapan maneetorn）

10

培养自身的想象力

调查、思考、总结!

◆ 奶茶为什么会前后出现三次热潮?今后还会有第四次热潮
吗?请尝试思考和总结。

◆ 找出一些以前流行过的事物,尝试思考从哪里入手改进,
才能让它们在今天这个时代里再次流行起来。